创新型计算机专业精品教材

中文版

Photoshop
平面设计案例教程

主审 姜协武
主编 杨鸿平 田 密 董国华

教·学
资 源

航空工业出版社

北 京

内 容 提 要

本书从平面设计实际出发，采用项目任务式结构，以通俗易懂的语言、典型丰富的案例与新颖实用的模块，详细介绍了 Photoshop 软件的功能和应用技巧。全书分为 10 个项目，分别为初识 Photoshop，创建和处理选区，编辑图像，绘制、修复和修饰图像，调整图像的色调和色彩，使用图层和蒙版，创建形状、路径和文本，使用通道和滤镜，自动化处理图像，综合实践。

本书结构合理，内容实用，具有较强的指导性，有利于提高学生的软件应用能力、设计能力与美学素养，可作为各类院校艺术设计类专业及其他相关专业的教材。

图书在版编目（CIP）数据

中文版 Photoshop 平面设计案例教程 / 杨鸿平，田密，董国华主编． -- 北京：航空工业出版社，2025．1．
ISBN 978-7-5165-4080-0

Ⅰ．TP391.413

中国国家版本馆 CIP 数据核字第 2025HJ0927 号

中文版 Photoshop 平面设计案例教程
Zhongwenban Photoshop Pingmian Sheji Anli Jiaocheng

航空工业出版社出版发行
（北京市朝阳区京顺路 5 号曙光大厦 C 座四层　100028）
发行部电话：010-85672666　010-85672683　　读者服务热线：010-85672635
河北鹏润印刷有限公司印刷　　　　　　　　　　全国各地新华书店经售
2025 年 1 月第 1 版　　　　　　　　　　　　　2025 年 1 月第 1 次印刷
开本：787×1092　1/16　　　　　　　　　　　　字数：381 千字
印张：16.5　　　　　　　　　　　　　　　　　定价：58.00 元

前言
PREFACE

  Photoshop 是一款非常强大的数字图像处理软件，在平面设计、影像处理、网页制作、数码绘画等领域都发挥着重要作用。为了使学生熟练掌握 Photoshop 的应用，编者在充分调研各院校教学需求的基础上，结合自身的工作经验精心编写了本书，并在结构与内容等方面进行了积极探索与创新，力求使本书兼具实用性、科学性与趣味性。

  具体而言，本书具有以下特色。

1. 启智润心，立德铸魂

  党的二十大报告指出："育人的根本在于立德。"本书积极贯彻党的二十大精神，落实立德树人根本任务，在各项目首页设置了"素质目标"，引导学生在学习知识与技能的同时提高道德素养，树立正确的世界观、人生观与价值观。

2. 校企合作，职业引领

  编者在编写本书的过程中，走访了多家知名设计企业，了解其对设计类人才的需求，并参考了多位具有丰富实践经验的专业设计人员的意见，使得本书内容紧贴设计岗位的工作实际。此外，编者还精心搜集、制作了大量实用案例，通过讲解案例实操步骤、设置实训与自测任务等，将本书的重点放在实践应用上，使学生能够快速掌握职业技能，实现从校园到职场的无缝衔接。

3. 体例新颖，易教易学

  本书采用项目任务式结构进行编写，既便于教师更好地推进教学工作，又利于学生理解知识点。具体而言，每个项目分为多个任务，每个任务以"任务说明"引出实操案例，使学生了解完成本任务后能够得到的成品，激发学生的学习兴趣；正文分别从理论知识与实践操作两个方面进行讲解，加强学生对软件的认识与应用能力；正文中穿插有"知识库""小技巧""小贴士""做一做""探讨分享"等模块，在帮助学生巩固所学知识与技能的同时，增强本书的可读性与课堂教学的趣味性；每个任务后设有"课堂实训"，每个项目后设有"项目自测"，帮助学生进一步提高技能水平，检验学习成果。

4. 平台支撑，资源丰富

本书配有丰富的数字资源，读者既可以借助手机或其他移动终端扫描书中的二维码观看微课视频，也可以登录文旌综合教育平台"文旌课堂"查看和下载本书配套资源，如优质课件、教案、素材与实例等。读者在阅读过程中有任何疑问，都可以登录该平台寻求帮助。

本书由姜协武担任主审，杨鸿平、田密、董国华担任主编，葛荣青、罗蓉、朱勇担任副主编，聂作鹏、赵文青、杨云竹、田瑶、饶思源参与编写部分内容。由于编者水平有限，书中难免存在疏漏与不妥之处，诚请广大读者批评指正。

特别说明：编者在编写本书的过程中，参考了大量资料并引用了部分图片。大部分引用的图片已获授权，但由于部分图片来自网络，我们未能确认出处，也暂时无法联系到原作者。对此，我们深表歉意，并欢迎原作者随时与我们联系，我们将按规定支付稿酬。

本书配套资源下载网址和联系方式

网址：https://www.wenjingketang.com
电话：400-117-9835
邮箱：book@wenjingketang.com

目录 CONTENTS

项目一 初识 Photoshop / 1

 任务一 制作节气海报——
    Photoshop 快速上手 / 2
  任务说明 / 2
  相关知识 / 2
   一、Photoshop 的工作界面 / 2
   二、文件的基本操作 / 4
   三、常用颜色模式 / 5
   四、常用文件格式 / 6
   五、图像的查看方法 / 7
  任务实施——制作节气海报 / 7
  课堂实训——合成图像 / 9
  知识拓展——图像处理的
      相关概念 / 10
   一、像素和图像分辨率 / 10
   二、位图和矢量图 / 11
 任务二 制作卡通插画——
    设置前景色和背景色 / 12
  任务说明 / 12
  相关知识 / 12
   一、前景色、背景色和拾色器 / 12
   二、"颜色""色板"调板和
    吸管工具 / 13
  任务实施——制作卡通插画 / 14
  课堂实训——为小熊填充颜色 / 17
  知识拓展——撤销操作和
      重做操作 / 18
   一、使用菜单撤销和重做操作 / 18
   二、使用"历史记录"调板撤销和
    重做操作 / 18
 任务三 制作弦乐盛典广告——
    创建并编辑图层 / 19
  任务说明 / 19
  相关知识 / 20
   一、创建图层 / 20
   二、选择图层 / 21
   三、复制和删除图层 / 21
   四、设置图层的混合模式 / 22
   五、设置图层的不透明度 / 22
  任务实施——制作弦乐盛典广告 / 23
  课堂实训——制作会议背景展板 / 25
 项目自测 / 25

项目二　创建和处理选区 / 27

任务一　制作婚纱照——使用选框工具和套索工具创建选区 / 28

任务说明 / 28

相关知识 / 28

　一、选框工具组 / 28

　二、套索工具组 / 29

任务实施——制作婚纱照 / 29

课堂实训——制作精美贺卡 / 34

知识拓展——选区的运算 / 35

任务二　制作巧克力广告——按颜色创建选区并处理其边缘 / 36

任务说明 / 36

相关知识 / 36

　一、魔棒工具 / 36

　二、快速选择工具 / 36

　三、色彩范围 / 37

　四、调整边缘 / 37

任务实施——制作巧克力广告 / 37

课堂实训——制作蛋糕广告 / 42

任务三　制作啤酒海报——创建高级选区 / 43

任务说明 / 43

相关知识 / 43

　一、钢笔工具 / 43

　二、画笔工具 / 44

任务实施——制作啤酒海报 / 44

课堂实训——制作冰箱广告 / 48

任务四　绘制卡通小熊——对选区进行编辑、保存等操作 / 49

任务说明 / 49

相关知识 / 49

　一、编辑选区 / 49

　二、保存和载入选区 / 53

　三、对选区进行描边 / 54

　四、对选区进行填充 / 54

任务实施——绘制卡通小熊 / 55

课堂实训——绘制卡通猪 / 60

知识拓展——使用自定义图案填充选区 / 61

项目自测 / 61

项目三　编辑图像 / 63

任务一　制作乡村风景图——调整图像和翻转画布 / 64

任务说明 / 64

相关知识 / 64

　一、调整图像和画布的大小 / 64

　二、旋转图像和翻转画布 / 65

　三、调整图像的透视效果 / 66

任务实施——制作乡村风景图 / 67

课堂实训——制作公告栏 / 70

任务二　制作护肤品广告——移动、复制和删除图像 / 70

任务说明 / 70

相关知识 / 71

　一、移动图像 / 71

　二、复制图像 / 71

　三、删除图像 / 72

任务实施——制作护肤品广告 / 72

课堂实训——制作创意相框 / 74

任务三　制作图书封面——使用辅助工具并变换图像 / 75

任务说明 / 75

相关知识 / 75

　一、常用辅助工具 / 75

　二、变换图像 / 76

任务实施——制作图书封面 / 78

课堂实训——制作立体包装盒 / 83

项目自测 / 84

项目四 绘制、修复和
修饰图像 / 86

任务一 绘制风景画——绘制图像 / 87
　　任务说明 / 87
　　相关知识 / 87
　　　　一、画笔工具 / 87
　　　　二、铅笔工具 / 88
　　　　三、颜色替换工具 / 88
　　　　四、混合器画笔工具 / 88
　　任务实施——绘制风景画 / 88
　　课堂实训——制作秋景图 / 92
　　知识拓展——自定义画笔样式 / 92

任务二 美化人物照片——
　　　　修复图像 / 93
　　任务说明 / 93
　　相关知识 / 94
　　　　一、图章工具组 / 94
　　　　二、修复工具组 / 95
　　任务实施——美化人物照片 / 96
　　课堂实训——修复人物图像 / 100

任务三 修饰人物形象——
　　　　修饰图像 / 100
　　任务说明 / 100
　　相关知识 / 101
　　　　一、润饰工具组 / 101
　　　　二、历史记录画笔工具组 / 101
　　任务实施——修饰人物照片 / 101
　　课堂实训——修饰饰品照片 / 103

任务四 制作房地产广告——
　　　　擦除和填充图像 / 104
　　任务说明 / 104
　　相关知识 / 105
　　　　一、橡皮擦工具组 / 105
　　　　二、填充工具组 / 106
　　任务实施——制作房地产广告 / 107
　　课堂实训——更换照片背景 / 110
项目自测 / 111

项目五 调整图像的
色调和色彩 / 113

任务一 修正和美化照片——
　　　　调整图像的色调 / 114
　　任务说明 / 114
　　相关知识 / 114
　　　　一、色阶 / 114
　　　　二、曝光度 / 115
　　　　三、亮度/对比度 / 115
　　　　四、曲线 / 116
　　任务实施——修正和美化照片 / 117
　　课堂实训——增强画面的质感 / 119
　　知识拓展——色调均化和
　　　　　　　色调分离 / 119
　　　　一、色调均化 / 119
　　　　二、色调分离 / 119

任务二 制作百花争艳图——
　　　　调整图像的色彩 / 120
　　任务说明 / 120
　　相关知识 / 121
　　　　一、自然饱和度 / 121
　　　　二、色相/饱和度 / 121
　　　　三、色彩平衡 / 122
　　　　四、黑白 / 122
　　　　五、变化 / 122
　　任务实施——制作百花争艳图 / 123
　　课堂实训——处理人物照片 / 126

任务三 制作唯美写真——
　　　　调整图像的色彩 / 127
　　任务说明 / 127

III

相关知识 / 127

　　一、匹配颜色 / 127

　　二、替换颜色 / 128

　　三、可选颜色 / 128

　　四、通道混合器 / 128

　　五、颜色查找 / 129

任务实施——制作唯美写真 / 130

课堂实训——改变背景色和
　　　　　　人物服饰的颜色 / 132

任务四　制作怀旧照片——调整图像的
　　　　色调和色彩 / 133

任务说明 / 133

相关知识 / 133

　　一、阴影/高光 / 133

　　二、渐变映射 / 134

　　三、照片滤镜 / 134

　　四、去色 / 134

　　五、反相 / 135

任务实施——制作怀旧照片 / 135

课堂实训——制作版画 / 137

知识拓展——阈值 / 138

项目自测 / 138

项目六　使用图层和蒙版 / 140

任务一　制作个性邮票广告——
　　　　使用普通图层 / 141

任务说明 / 141

相关知识 / 141

　　一、图层的类型 / 141

　　二、"图层"调板 / 142

　　三、图层的基本操作 / 143

　　四、图层的管理 / 144

任务实施——制作个性邮票
　　　　　　广告 / 145

课堂实训——制作瓶贴广告 / 148

任务二　制作特效文字——使用图层
　　　　样式和内置样式 / 149

任务说明 / 149

相关知识 / 150

　　一、添加图层样式 / 150

　　二、编辑图层样式 / 153

　　三、添加内置样式 / 153

任务实施——制作特效文字 / 154

课堂实训——制作水晶按钮 / 157

任务三　制作糖果包装盒——
　　　　使用蒙版 / 158

任务说明 / 158

相关知识 / 159

　　一、图层蒙版 / 159

　　二、矢量蒙版 / 160

　　三、剪贴蒙版 / 161

任务实施——制作糖果包装盒 / 161

课堂实训——制作旅游广告 / 167

知识拓展——编辑图层蒙版 / 168

任务四　制作艺术照片——
　　　　使用带蒙版的图层 / 168

任务说明 / 168

相关知识 / 169

　　一、调整图层 / 169

　　二、填充图层 / 170

任务实施——制作艺术照片 / 170

课堂实训——制作唯美照片 / 172

项目自测 / 173

项目七　创建形状、路径和文本 / 176

任务一　制作卡通贺卡——绘制和
　　　　编辑形状 / 177

任务说明 / 177

相关知识 / 177
　　一、绘制形状 / 177
　　二、编辑形状 / 179
任务实施——制作卡通贺卡 / 181
课堂实训——绘制卡通画 / 185
知识拓展——变换形状和栅格化
　　　　　　形状图层 / 185

任务二　制作七夕海报——
　　　　路径操作 / 186
任务说明 / 186
相关知识 / 186
　　一、"路径"调板 / 186
　　二、对路径进行描边和填充 / 187
　　三、将路径转换为选区 / 187
任务实施——制作七夕海报 / 187
课堂实训——绘制常春藤 / 189

任务三　制作企业宣传单——
　　　　创建普通文本 / 190
任务说明 / 190
相关知识 / 190
　　一、文字工具 / 190
　　二、"字符"调板 / 192
　　三、"段落"调板 / 192
任务实施——制作企业宣传单 / 193
课堂实训——制作旅游宣传海报 / 195

任务四　制作音乐节广告——
　　　　创建特殊文本 / 196
任务说明 / 196
相关知识 / 196
　　一、沿形状或路径输入文字 / 196
　　二、在封闭形状或路径内部
　　　　输入文字 / 196
　　三、创建变形文字 / 197
　　四、转换文字为形状或路径 / 197

任务实施——制作音乐节广告 / 197
课堂实训——制作月饼广告海报 / 200
知识拓展——栅格化文本图层 / 201
项目自测 / 201

项目八　使用通道和滤镜 / 203

任务一　制作舞蹈培训班招生海报——
　　　　使用通道 / 204
任务说明 / 204
相关知识 / 204
　　一、通道和"通道"调板 / 204
　　二、通道的类型 / 205
　　三、通道的基本操作 / 206
任务实施——制作舞蹈培训班
　　　　　　招生海报 / 207
课堂实训——制作卫浴广告 / 209

任务二　制作植树节海报——使用滤镜
　　　　组和滤镜库中的滤镜 / 210
任务说明 / 210
相关知识 / 210
　　一、滤镜组中的滤镜 / 210
　　二、滤镜库中的滤镜 / 214
任务实施——制作植树节海报 / 215
课堂实训——制作冰雪字 / 217
知识拓展——滤镜的使用技巧 / 218

任务三　美化照片——
　　　　使用特殊滤镜 / 218
任务说明 / 218
相关知识 / 219
　　一、"液化"滤镜 / 219
　　二、"消失点"滤镜 / 220
任务实施——美化照片 / 221
课堂实训——为人物添加烫发
　　　　　　效果 / 223
项目自测 / 224

项目九　自动化处理图像 / 226

任务一　为图像添加水印——录制、编辑和使用动作 / 227

任务说明 / 227

相关知识 / 227

　一、录制和编辑动作 / 227

　二、使用动作 / 228

任务实施——为图像添加水印 / 228

课堂实训——对照片进行艺术化处理 / 231

任务二　调整图像的模式和大小——图像批处理 / 232

任务说明 / 232

相关知识 / 232

任务实施——调整图像的模式和大小 / 232

课堂实训——使照片的调色一致 / 234

项目自测 / 234

项目十　综合实践 / 236

任务一　制作产品包装 / 237

任务说明 / 237

任务实施 / 237

任务二　制作高炮广告 / 244

任务说明 / 244

任务实施 / 245

参考文献 / 251

项目一

初识 Photoshop

Photoshop 集图像编辑、图形设计、特效制作、文字排版等功能于一体，并且操作简便快捷，是当今非常流行的平面设计软件之一。本项目将通过介绍 Photoshop 的工作界面、文件的基本操作、前景色和背景色的设置、图层的使用方法等内容，带领读者开启 Photoshop 平面设计之旅。

素质目标

- 明白"万丈高楼平地起，没有扎实的基础，就不会有上层建筑"的道理，踏实、努力地学习，为未来的发展打下坚实的基础。
- 重视实践，勤动手操作并深入思考，在实践中培养并提高解决实际问题的能力。

知识目标

- 熟悉 Photoshop 的工作界面。
- 掌握文件的新建、打开、保存、关闭。
- 熟悉常用颜色模式、常用文件格式和图像的查看方法。
- 了解像素和图像分辨率、位图和矢量图的概念。
- 掌握前景色和背景色的设置方法。
- 了解"颜色""色板"调板、吸管工具的功能，操作的撤销方法和重做方法。
- 掌握图层的功能和使用方法。

能力目标

- 能够通过合成图像并且为图像填充颜色，完成简单作品的制作。
- 能够使用图层的创建和编辑功能制作广告、海报等。

任务一　制作节气海报——Photoshop 快速上手

任务说明

在使用 Photoshop 处理图像之前，应先认识该软件工作界面各组成部分的功能，然后学习该软件的基本操作，如文件的新建、打开、保存、关闭，颜色模式设置，查看图像的方法，等等。下面通过制作如图 1-1 所示的节气海报，学习 Photoshop 的基本操作。

素材：素材与实例\项目一\1.png、1.psd、2.psd、3.psd
效果：素材与实例\项目一\节气海报.psd

图 1-1　节气海报

相关知识

一、Photoshop 的工作界面

Photoshop 的工作界面由菜单栏、工具箱、工具属性栏、图像窗口、调板、状态栏等组成，如图 1-2 所示。各组成部分的功能如下：

（1）菜单栏：菜单栏包括"文件""编辑""图像""图层""类型""选择"等菜单，选择其中的菜单项可以执行相应的命令。若菜单项右侧有"▶"符号，则表示其下隐藏着其他子菜单。菜单项右侧的字母是其快捷键，将输入法切换至英文输入状态后按相应的快捷键，可以快速执行该命令。

（2）工具箱：工具箱中的工具大致可分为选区制作工具、绘画工具、修饰工具、颜色设置工具、显示控制工具等五类。将光标移至右下角带有三角符号的工具图标上并长按左键或单击鼠标右键，可展开其下隐藏的工具，如图 1-3 所示。

> **小贴士**
>
> 若要使用工具箱中的某个工具，可单击该工具的图标，或者先将输入法切换至英文输入状态，然后按相应的快捷键。工具箱中工具的快捷键显示在工具图标的右侧。若要选择工具箱中处于隐藏状态的工具，可在按住"Shift"键后连续按相应的快捷键。

图 1-2　Photoshop 的工作界面

图 1-3　显示隐藏的工具

（3）工具属性栏：选择工具箱中的某个工具后，工具属性栏中会显示该工具的属性和参数。单击属性栏最右侧的"基本功能"列表框，在弹出的下拉列表中可选择软件预设的工作界面。

（4）图像窗口：图像窗口包括图像标签栏和图像编辑区。默认情况下，已打开的文件的名称、格式和颜色模式以选项卡的形式显示在图像标签栏中。单击不同的选项卡，图像编辑区将显示相应文件中的内容。图像编辑区是用于显示和编辑图像的区域，其中的白色部分称为画布，超出画布的图像不会显示在图像窗口中。

小贴士

默认情况下，同时打开多个文件时，图像窗口中仅显示其中某个文件中的内容。若想同时查看多个文件中的内容，可根据需要，选择"窗口"→"排列"中的菜单项，如选择全部垂直拼贴、全部水平拼贴、双联水平、三联垂直、四联、六联等。

（5）调板：调板位于图像窗口右侧。Photoshop 提供了许多调板，可以通过选择"窗口"菜单中的菜单项来打开或关闭调板。单击调板右上角的 按钮，可以折叠该调板；在相同位置再次单击，可将其展开。性质相似的调板默认位于同一调板组中。在调板名称上右击，使用弹出的快捷菜单中的菜单项可以关闭、最小化、折叠或隐藏调板。

（6）状态栏：状态栏用于显示当前文件的相关状态，包括图像的显示比例和文件大小两部分。在"显示比例"编辑框中直接输入数值，也可以改变图像的显示比例。

知识库

按"Tab"键可以隐藏工具箱和所有调板，再次按"Tab"键将重新显示工具箱和调板，按"Shift+Tab"快捷键可以隐藏或显示调板。

此外，选择"编辑"→"首选项"→"界面"菜单项，打开"首选项"对话框，在"外观"设置区中单击所需"颜色方案"按钮，即可调整界面颜色。

二、文件的基本操作

文件的基本操作主要包括文件的新建、打开、保存和关闭。

（1）新建文件。选择"文件"→"新建"菜单项或者按"Ctrl+N"快捷键，均可以打开"新建"对话框，如图1-4所示。在该对话框中自行设置文件的名称、尺寸、分辨率和颜色模式等，然后单击"确定"按钮，即可新建文件。

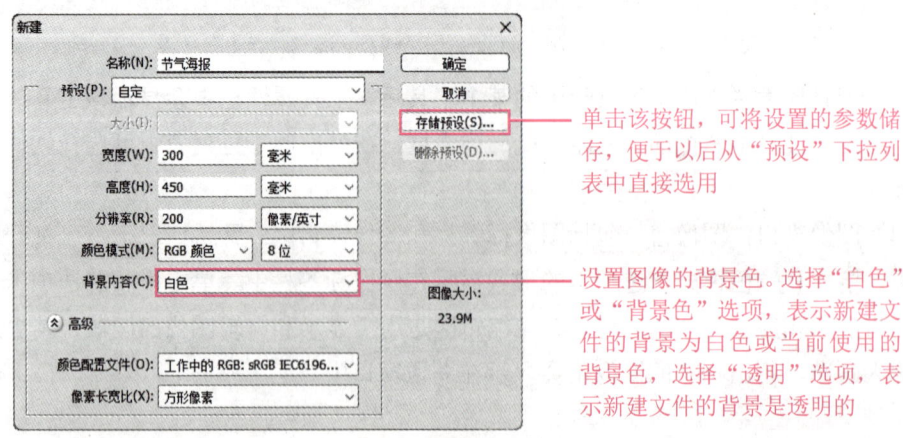

图1-4　"新建"对话框

（2）打开文件。常用的打开文件的方法有以下3种：

> **方法一：** 选择"文件"→"打开"菜单项，或者按"Ctrl+O"快捷键，然后在打开的"打开"对话框中选择要打开的文件，最后单击"打开"按钮。

> **方法二：** 将文件拖至Photoshop快捷启动图标或除图像窗口外的任一区域，然后松开左键。

> **方法三：** 在"文件"→"最近打开文件"菜单项右侧选择最近打开过的文件名称。

（3）保存文件。选择"文件"→"存储"菜单项或按"Ctrl+S"快捷键，均可保存当前文件。如果是首次保存某个文件，则在执行"存储"命令后，软件会打开"另存为"对话框，在该对话框中选择文件的储存位置、输入文件名、选择保存类型，最后单击"保存"按钮即可。如果文件曾被保存，则执行"存储"命令后，软件会直接保存该文件。如果希望将保存过的文件以其他名称保存或保存在其他路径下，则可选择"文件"→"存储为"菜单项，或者按"Shift+Ctrl+S"快捷键。

（4）关闭文件。要关闭当前打开的文件，可选择"文件"→"关闭"菜单项，或者按"Ctrl+W"快捷键，或者单击该文件选项卡右侧的×按钮；要关闭所有打开的文件，可选择"文件"→"关闭全部"菜单项，或者按"Alt+Ctrl+W"快捷键。

三、常用颜色模式

颜色模式是一种记录图像颜色的方式。在Photoshop中，常用的颜色模式有RGB模式、CMYK模式、Lab模式、灰度模式、位图模式等。

（1）RGB模式。该模式是Photoshop默认的颜色模式，也是使用较为广泛的颜色模式。该模式是一种加色模式，图像的颜色由红（R）、绿（G）、蓝（B）三原色叠加后形成，如图1-5所示。R、G、B颜色的取值范围均为0~255。图像中某个像素的R、G、B的值若均为0，则该像素的颜色为黑色；若R、G、B的值均为255，则该像素的颜色为白色；若R、G、B的值相等（该值不是0和255），则该像素的颜色为灰色。

（2）CMYK模式。该模式是一种减色模式，图像的颜色由青（C）、洋红（M）、黄（Y）和黑（K）4种色彩混合而成，如图1-6所示。C、M、Y、K的颜色变化用百分比表示。在Photoshop中处理图像时，一般不直接采用CMYK模式，因为在该颜色模式下，Photoshop提供的很多滤镜都无法使用。

（3）Lab模式。该模式是所有模式中包含色彩范围最广的颜色模式。Lab代表3个通道。其中，L代表亮度，取值范围为0~100；a代表洋红色与绿色之间的颜色，b表示黄色与蓝色之间的颜色。

（4）灰度模式。该模式下的图像仅包含白色、黑色和一系列灰色，不包含任何色彩信息，但能充分表现出图像的明暗。该模式常用于将彩色图像转换为高品质的黑白图像。

（5）位图模式。该模式下的图像又称黑白图像，只包含黑色和白色两种颜色。

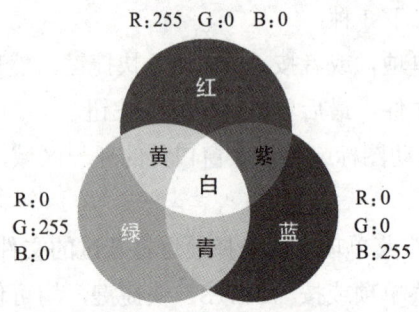

图1-5 RGB模式

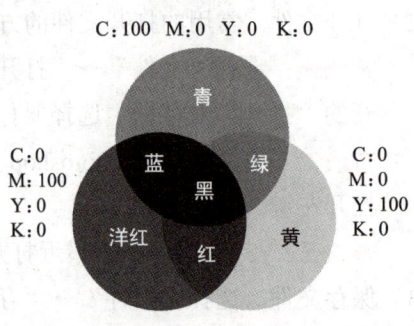

图1-6 CMYK模式

> **小贴士**
>
> 在Photoshop中编辑图像时通常使用RGB模式。如果读者想要达到某种图像效果或需要打印或印刷图像，则可在RGB模式下编辑好图像后，再选择"图像"→"模式"菜单下的相应菜单项。值得注意的是，如果要将图像转换为"双色调"或"位图"模式，则应先转换为"灰度"模式，再转换为"双色调"或"位图"模式；其他图像颜色模式可直接转换。

四、常用文件格式

在Photoshop中，常用的文件格式主要有以下5种：

（1）PSD格式。该格式是Photoshop专用的文件格式，也是在保存新建文件时默认的文件存储类型，文件后缀为".psd"。该格式的优点是保存的信息多，便于修改；缺点是文件所占的存储空间较大。若要保存图层、蒙版、通道、颜色模式等信息，可采用该格式。

（2）TIFF格式。该格式是一种应用非常广泛的文件格式，几乎所有的扫描仪和图像处理软件都支持这一格式。它采用无损压缩方式来存储图像信息，既能保存多种颜色模式，也能保存图层和通道信息，并且可以设置透明图像。

（3）JPEG格式。该格式是一种有损压缩格式，文件的后缀为".jpg"或".jpeg"。采用该格式保存文件时，Photoshop会将很多肉眼难以分辨的图像像素删除。当图像中的文字尺寸较小时，选择该格式存储文件，会使字迹变得模糊。

（4）GIF格式。该格式是一种无损压缩格式，文件后缀为".gif"，文件体积小，而且支持透明图像。保存文件时选择该格式，可将多个图像存储在一个GIF文件中并逐帧读取，从而获得连续动画。该格式的缺点是只支持256种颜色。

（5）PNG格式。该格式是一种无损压缩格式，文件后缀为".png"。PNG格式文件既能保存色彩丰富的图像，也能保存不同透明级别的图像。

项目一　初识 Photoshop

五、图像的查看方法

在处理图像时，可在不改变图像尺寸的情况下调整图像的显示比例，或者改变图像显示的区域，以便查看和处理图像。

（1）调整图像的显示比例。使图像放大或缩小显示的方法有以下 3 种：① 在选择工具箱中的"缩放工具"后，直接单击图像，或在按住"Alt"键的同时单击图像，图像会以单击点为中心放大或缩小显示；② 按"Ctrl++"或"Ctrl+-"快捷键；③ 在按住"Alt"键的同时滚动鼠标滚轮。此外，按"Ctrl+0"快捷键可使图像最大化显示在图像编辑区内。

（2）改变图像显示的区域。当图像的显示比例较大，图像窗口中未能完整显示图像时，在工具箱中选择"抓手工具"，或者按住空格键，然后将光标移至图像上，按住左键并拖动鼠标，均可改变图像显示的区域。

探讨分享

打开本书配套素材"项目一"文件夹中的"4.jpg"文件，使用上述方法调整图像显示的比例和区域。教师选择几名学生，让其回答以下问题：

（1）要将当前图像放大一倍显示，该怎样操作？

（2）要使整幅图像最大化显示在图像编辑区内，怎样操作最简便？

（3）选择"窗口"→"导航器"菜单项，打开"导航器"调板（见图 1-7），然后拖动"导航器"调板中的滑块，或将光标移至"导航器"调板中的图像上并拖动鼠标，图像窗口中的图像会发生哪些变化？

图 1-7　"导航器"调板

任务实施——制作节气海报

制作节气海报

步骤 1　启动 Photoshop 后，按"Ctrl+N"快捷键，或选择"文件"→"新建"菜单项，打开"新建"对话框，然后参照图 1-4 设置

7

参数，最后单击"确定"按钮。

步骤2 按"Ctrl+O"快捷键，或者选择"文件"→"打开"菜单项，打开"打开"对话框，在其中找到本书配套素材"项目一"文件夹，在按住"Ctrl"键的同时依次选择"1.png"和"1.psd"～"3.psd"文件，最后单击"打开"按钮，将这4个文件打开。

> **小技巧**
>
> 在打开"打开"对话框后，按住"Ctrl"键并单击多个不连续的文件，可将它们同时选中；按住"Shift"键后分别单击不连续的两个文件，可选中这两个文件及其之间的所有文件。

步骤3 单击"1.psd"图像标签，将"1.psd"图像窗口设为当前窗口，依次按"Ctrl+A""Ctrl+C"快捷键，可选中并复制该图像窗口中的所有图像。

步骤4 单击"节气海报"图像标签，切换当前窗口，按"Ctrl+V"快捷键，将复制的图像粘贴到当前窗口中。单击"1.psd"图像标签右上角的×按钮，关闭该文件。

步骤5 选择"窗口"→"排列"→"全部垂直拼贴"菜单项，将图像窗口以垂直方式排列。

> **小贴士**
>
> 若要同时查看多个图像窗口中的内容或在多个图像窗口间进行操作，除了排列图像窗口外，还可以按住左键拖动图像标签，将图像窗口设为浮动式。

步骤6 在"1.png"图像窗口中单击，参照步骤3选中并复制该图像窗口中的所有图像，然后在"节气海报"图像窗口中单击，按"Ctrl+V"快捷键，将复制的图像粘贴到当前窗口中，结果如图1-8所示。

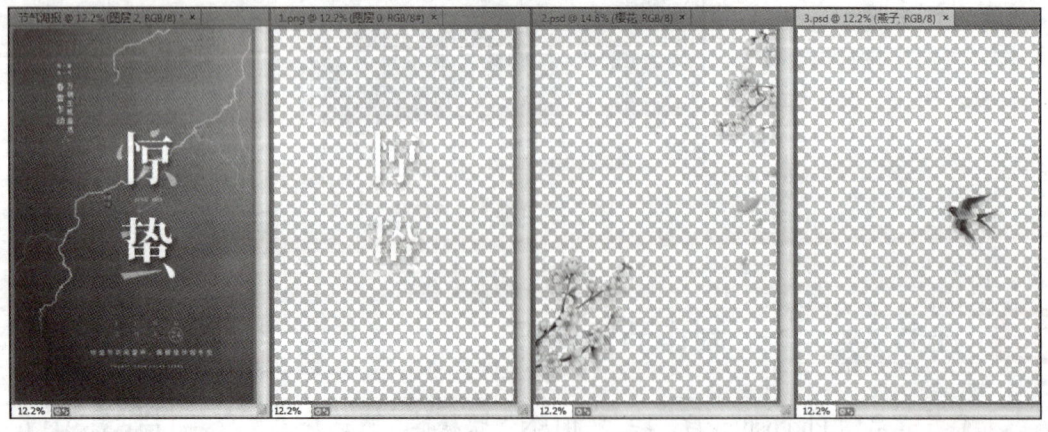

图1-8 复制文字图像

8

步骤 7 在工具箱中选择"移动工具" ，然后在"2.psd"图像窗口中单击,将光标移至樱花图像上并按住左键不放,将该图像向"节气海报.psd"图像窗口中拖动,当光标位于"节气海报.psd"图像窗口中时释放左键,结果如图1-9所示。

图1-9 复制樱花图像

步骤 8 将光标移至"节气海报.psd"图像窗口中的樱花图像上,然后按住左键并拖动鼠标,将该图像移至合适位置。

步骤 9 采用同样的方法,将"3.psd"图像窗口中的图像复制到"节气海报.psd"图像窗口中,并将其移至合适位置。

步骤 10 选择"窗口"→"排列"→"将所有内容合并到选项卡中"菜单项,使图像窗口以选项卡的形式显示。

步骤 11 将光标移至"节气海报.psd"图像窗口中,然后按"Ctrl+S"快捷键,打开"另存为"对话框,在其中选择文件的保存位置,采用默认的文件名称"节气海报"和文件的保存类型"Photoshop（*.PSD;*.PDD）",最后单击"保存"按钮,即可保存文件。

步骤 12 分别单击各图像标签右侧的"关闭"按钮，或者选择"文件"→"关闭"菜单项,或者按"Ctrl+W"快捷键,将各文件关闭。如果选择"文件"→"关闭全部"菜单项,将一次性关闭所有打开的文件。

课堂实训——合成图像

使用本任务所学的知识合成如图1-10所示的图像。本实训的最终效果见本书配套素材"项目一"文件夹中的"合成图像.psd"。

图 1-10　合成的图像

提示：

打开本书配套素材"项目一"文件夹中的"2.jpg""02.psd""03.psd"文件，将电脑图像和泡泡图像复制到"2.jpg"图像窗口中，并使用"移动工具" 调整它们的位置。

知识拓展——图像处理的相关概念

在使用 Photoshop 处理图像时，经常会使用像素和图像分辨率、位图和矢量图等术语。下面将对其进行详细介绍。

一、像素和图像分辨率

像素是构成图像的基本单元，可以将其看作一个存放着一种颜色的小方格，许许多多的小方格就构成了图像。

分辨率包括图像分辨率、显示分辨率和打印分辨率，除特殊提示外，本书中提及的分辨率都指图像分辨率。图像分辨率是指图像上单位面积内的像素数，单位为"像素/英寸"或"像素/厘米"。分辨率决定了图像的清晰度，同一图像的分辨率越高，画面越清晰；反之，画面越模糊，如图 1-11 所示。

分辨率为 300 像素/英寸的画面

分辨率为 30 像素/英寸的画面

图 1-11　同一图像在分辨率不同时的效果对比

> **小贴士**
>
> 一般情况下，如果图像用于网络传播或屏幕显示，则可将其分辨率设为72像素/英寸；如果图像用于写真喷绘或大幅面输出，则可根据观看距离，将其分辨率设为50～150像素/英寸；如果图像用于高质量打印或出版印刷，则可将其分辨率设为300像素/英寸。

二、位图和矢量图

图像有位图和矢量图之分。二者的区别如下：

（1）位图。位图由许多像素（构成图像的基本单元）组成，每个像素只显示一种颜色。位图可以表现色彩和细节丰富的图像，呈现近似照片的逼真效果，但是占用的存储空间较大，且画面质量与分辨率有关。若以较大的比例放大显示位图，位图会变得模糊，如图1-12所示。

（2）矢量图。矢量图是用 Illustrator、CorelDRAW 等绘制得到的图形，常用于设计标志、插画等。矢量图的优点是占用的存储空间小，且画面质量与分辨率无关。若以较大的比例放大显示矢量图，矢量图不会变得模糊，如图1-13所示。矢量图的缺点是色彩单调，颜色过渡不自然，无法逼真地表现事物。使用 Photoshop 可以绘制不太复杂的矢量图。

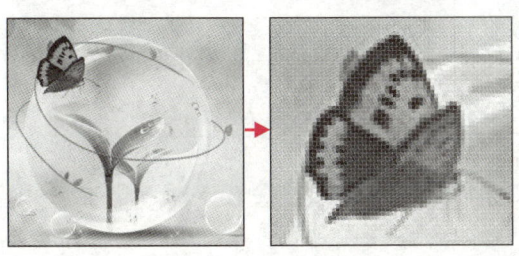

图1-12　放大显示位图前后效果　　　　图1-13　放大显示矢量图前后效果

> **做一做**
>
> 使用 Photoshop 打开本书配套素材"项目一"文件夹中的"3.jpg"文件，使用 Illustrator 打开"4.ai"文件，查看位图和矢量图的区别。

任务二 制作卡通插画——设置前景色和背景色

任务说明

在绘制和编辑图像时，需要使用前景色和背景色。例如，使用"画笔工具"、"铅笔工具"、"油漆桶工具"在图像窗口中绘图时，所绘图像应用的是前景色；使用"橡皮擦工具"擦除图像窗口中的图像时，擦除后的区域将使用背景色来填充。

下面通过为卡通插画填充颜色，学习在 Photoshop 中设置前景色和背景色的方法。填充颜色的卡通插画如图 1-14 所示。

素材：素材与实例\项目一\5.jpg
效果：素材与实例\项目一\5ok.jpg

图 1-14 卡通插画

相关知识

一、前景色、背景色和拾色器

工具箱中的"设置前景色"和"设置背景色"按钮分别用于显示和设置当前使用的前景色和背景色，如图 1-15 所示。

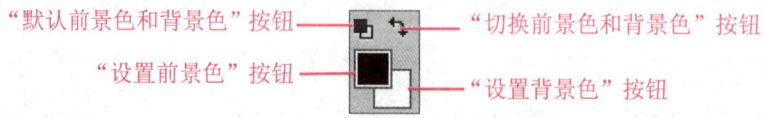

图 1-15 "设置前景色"和"设置背景色"按钮

单击"设置前景色"按钮,打开"拾色器(前景色)"对话框(见图1-16)。在其中拖动光谱左右两侧的颜色滑块,可调整颜色范围,然后在颜色区中单击,以选择需要的颜色;或者直接在颜色数值观察和设置区中输入数值,以指定需要的颜色。最后单击"确定"按钮,此时"设置前景色"按钮将显示刚才设置的颜色。背景色的设置方法与前景色的设置方法相同。

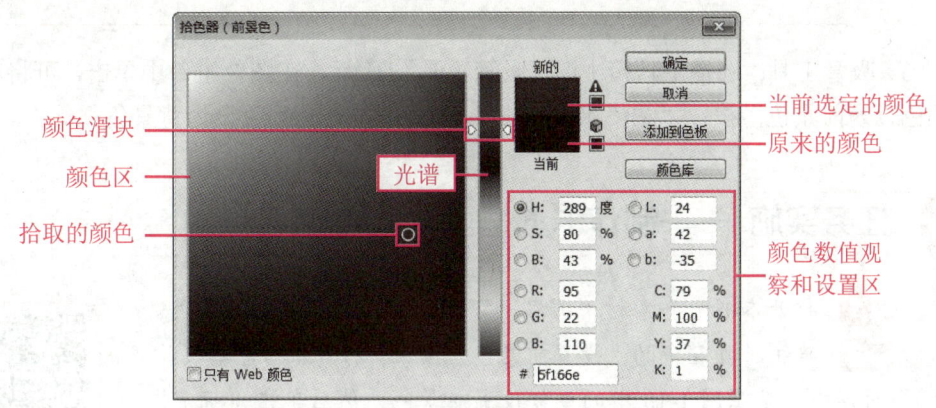

图1-16 "拾色器(前景色)"对话框

二、"颜色""色板"调板和吸管工具

使用"颜色""色板"调板和"吸管工具" 可以设置前景色与背景色。

(1)"颜色"调板。选择"窗口"→"颜色"菜单项,或者按"F6"键,打开"颜色"调板,如图1-17所示,单击调板左上角的"设置前景色"或"设置背景色"按钮,然后通过拖动颜色滑块或在编辑框中输入数值设置颜色。此外,单击调板右上角的 按钮,使用弹出的快捷菜单中的菜单项可切换调板中显示的颜色模式。

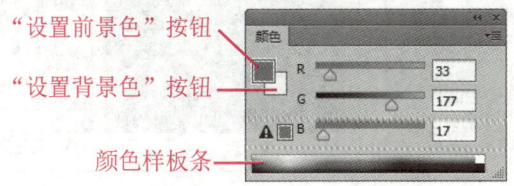

图1-17 "颜色"调板

(2)"色板"调板。选择"窗口"→"色板"菜单项,打开"色板"调板,其中显示了Photoshop预设的颜色或读者自定的颜色。单击"色板"调板中任意一个颜色色块,可将该颜色设为前景色;按住"Ctrl"键并单击任意一个颜色色块,可将该颜色设为背景色。

> **小贴士**
>
> 在"色板"调板中添加色样的方法：在"颜色"调板或"拾色器（前景色）"对话框中设置好要添加的颜色，然后将光标移至"色板"调板中的空白处（此时光标变为 ）并单击，接着在打开的"色板名称"对话框中输入色样的名称或直接单击"确定"按钮。

（3）吸管工具。选择工具箱中的"吸管工具" 后，在图像窗口中单击，可将单击处的颜色设为前景色；按住"Alt"键并单击，可将单击处的颜色设为背景色。

任务实施——制作卡通插画

步骤1 打开本书配套素材"项目一"文件夹中的"5.jpg"文件。

步骤2 单击工具箱中的"设置前景色"按钮，打开"拾色器（前景色）"对话框，参照图1-18中的参数设置前景色，然后单击"确定"按钮。

制作卡通插画

步骤3 单击工具箱中的"设置背景色"按钮，参照图1-19中的参数设置背景色，然后单击"确定"按钮。此时，在工具箱中可看到，"设置前景色"和"设置背景色"按钮的颜色已改变。

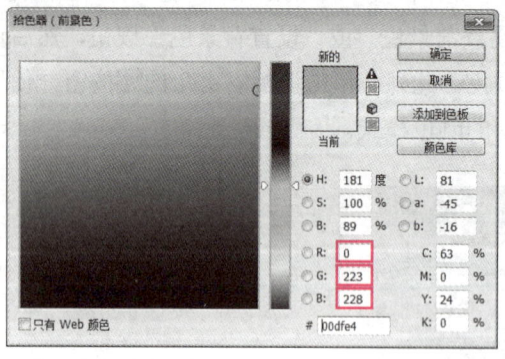 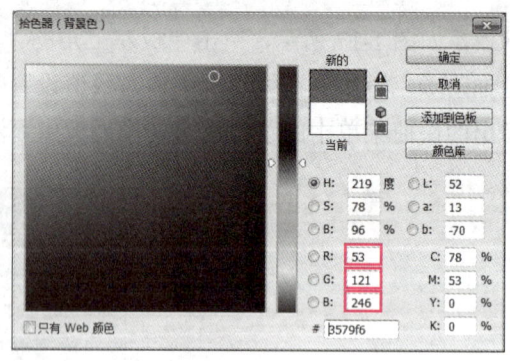

图1-18 设置前景色　　　　　　　　图1-19 设置背景色

步骤4 选择工具箱中的"油漆桶工具" ，然后将光标移动到气球图像上并单击，为其填充前景色，如图1-20所示。按"X"键，切换前景色和背景色，使用"油漆桶工具" 为星形图像填充颜色，如图1-21所示。

项目一　初识Photoshop

图 1-20　为气球填充颜色　　　　　图 1-21　为星形图像填充颜色

小技巧

在英文输入法状态下，按"D"键可将前景色和背景色恢复成默认的黑色和白色，按"X"键可快速切换前景色和背景色。

步骤 5　按"F6"键，打开"颜色"调板，单击该调板左上角的"设置前景色"按钮，然后在"R""G""B"编辑框中分别输入"254""235""255"，将前景色设为浅粉色，如图 1-22 所示。

步骤 6　单击"颜色"调板左上角的"设置背景色"按钮，然后在"R""G""B"编辑框中分别输入"242""156""159"，将背景色设为与山茶花颜色类似的粉色。

步骤 7　参照步骤 4，使用"油漆桶工具" 为云朵填充前景色。按"X"键，切换前景色和背景色，然后为部分心形图像填充颜色，效果如图 1-23 所示。

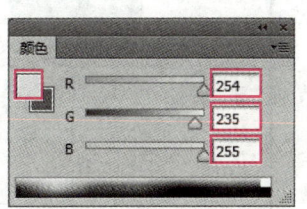

图 1-22　设置前景色　　　　　图 1-23　为云朵和心形图像填充颜色

15

步骤 8 单击"颜色"调板中的"设置前景色"按钮,然后选择"窗口"→"色板"菜单项,打开"色板"调板,在其中单击"蜡笔青"色样,将其设为前景色;按住"Ctrl"键并单击"10%灰色"色样,将其设为背景色。

> **小贴士**
>
> 若"色板"调板中没有所需颜色,则可单击调板右上角的 按钮,在弹出的快捷菜单中选择"复位色板"菜单项,然后单击"Adobe Photoshop CC"对话框中的"确定"按钮,使该"色板"调板复原。

步骤 9 使用"油漆桶工具" 为其他未填充颜色的心形图像填充前景色;按"X"键切换前景色和背景色,然后为投影图像填充颜色,效果如图1-24所示。

步骤 10 在"颜色"调板中将前景色和背景色分别设为浅黄色(R、G、B值依次为254,252,231)和黄色(R、G、B值依次为242,221,44),然后使用"油漆桶工具" 为小女孩的脸、耳朵、胳膊和手填充前景色,为其上衣填充背景色,效果如图1-25所示。

图 1-24 为心形图像和投影图像填充颜色

图 1-25 为小女孩图像填充颜色(1)

步骤 11 在"色板"调板中将"深黑暖褐"色样设为前景色,将"浅紫"色样设为背景色,然后使用"油漆桶工具" 为小女孩的头发填充前景色,为其裤子填充背景色,效果如图1-26所示。

步骤 12 选择工具箱中的"吸管工具" ,在小女孩上衣图像上单击,将上衣的颜色设为前景色。

图 1-26 为小女孩图像填充颜色(2)

> **小贴士**
>
> 选择"吸管工具" 后，在工具属性栏中还可以设置取样大小，如图1-27所示。默认情况下，"取样大小"编辑框中显示"取样点"选项，表示使用吸管工具仅能吸取一个像素的颜色；若选择"3×3平均""5×5平均"等选项，表示使用吸管工具吸取的颜色值为单击点周围"3×3""5×5"个像素颜色的平均值。
>
>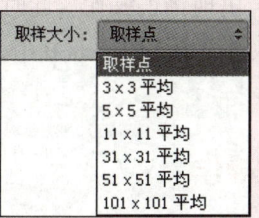
>
> 图1-27 设置取样大小

步骤 13 选择"油漆桶工具" ，在小鸟图像上单击，为其填充与上衣图像相同的颜色。至此，一幅漂亮的插画就填充完成了。按"Ctrl+S"快捷键，将文件保存。

课堂实训——为小熊填充颜色

使用本任务所学的知识为如图1-28（a）所示的小熊填充颜色，效果如图1-28（b）所示。本实训的最终效果见本书配套素材"项目一"文件夹中的"6ok.jpg"。

（a）

（b）

图1-28 为小熊填充颜色前、后效果

提示：

打开本书配套素材"项目一"文件夹中的"6.jpg"文件，通过设置前景色、背景色并使用"油漆桶工具" ，为小熊的身体填充浅青色，为地毯填充草绿色，为花瓣和花蕊分别填充不同的颜色。对于颜色相同的花瓣和花蕊，可通过使用"吸管工具"吸取颜色来设置填充色。

知识拓展——撤销操作和重做操作

在处理图像的过程中，经常会出现错误操作。此时，可撤销错误的操作。在撤销错误的操作后，还可以恢复已撤销的操作。在 Photoshop 中，可以使用菜单命令和"历史记录"调板来撤销操作，或重做操作。

一、使用菜单撤销和重做操作

在 Photoshop 中，可使用"编辑"菜单下的菜单项撤销一步、多步操作或重做操作。

（1）选择"编辑"→"还原+操作名称"菜单项或按"Ctrl+Z"快捷键，可撤销刚执行过的操作，此时菜单项变为"重做+操作名称"。选择"重做+操作名称"菜单项或按"Ctrl+Z"快捷键，则可恢复已撤销的操作。

（2）若要逐步撤销已执行操作，则可选择"编辑"→"后退一步"菜单项，或者按"Alt+Ctrl+Z"快捷键。

（3）若要逐步恢复被撤销的操作，则可选择"编辑"→"前进一步"菜单项，或者按"Shift+Ctrl+Z"快捷键。

二、使用"历史记录"调板撤销和重做操作

使用"历史记录"调板可以撤销已经完成的操作，为当前图像的处理结果创建快照，或者将当前图像的处理结果保存为文件。选择"窗口"→"历史记录"菜单项，打开如图 1-29 所示的"历史记录"调板。从图中可知，操作步骤区中记录了对打开的图像进行的所有操作。

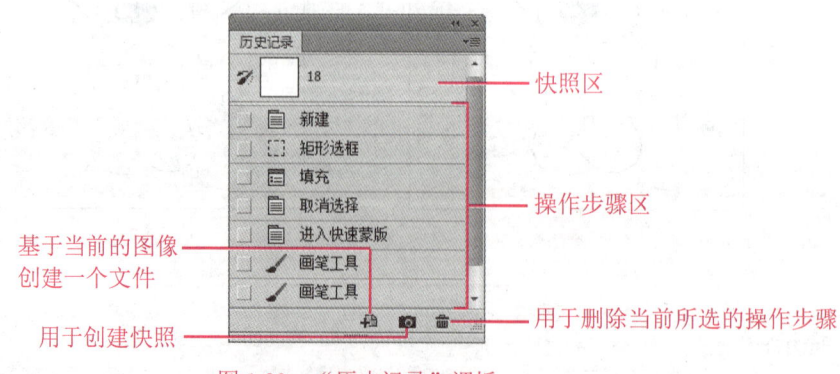

图 1-29 "历史记录"调板

项目一　初识Photoshop

（1）撤销在打开图像后进行的所有操作。在打开一个文件后，软件会自动将该文件的初始状态记录在快照区中。单击该快照，即可撤销在打开图像后进行的所有操作。

（2）撤销在指定的步骤后执行的所有操作。在操作步骤区中单击某步操作，可撤销在该步骤后执行的所有操作。

（3）新建快照并撤销新建快照之后的所有操作。单击调板底部的"创建新快照"按钮，可创建一个快照；之后无论在图像窗口中进行何种操作，只要单击新建的快照，就可以将图像恢复到新建快照时的状态。

（4）恢复被撤销的操作。如果撤销了某些操作，并未执行其他操作，则在操作步骤区单击要恢复的操作，即可恢复被撤销的操作。

任务三　制作弦乐盛典广告——创建并编辑图层

任务说明

在使用Photoshop制作作品时，显示在图像窗口中的所有内容都位于相应的图层中。在编辑图像时，执行的所有操作都与图层有着密切的联系。下面通过制作如图1-30所示的弦乐盛典广告，学习创建与编辑图层的方法。

素材：素材与实例\项目一\7.jpg、8.psd～11.psd
效果：素材与实例\项目一\弦乐盛典广告.psd

图1-30　弦乐盛典广告

相关知识

为了方便理解，读者可将图层想象为透明的纸，每张纸上都有不同的图像，将多张纸按照顺序叠放在一起，就构成一幅完美的画面，如图 1-31 所示。

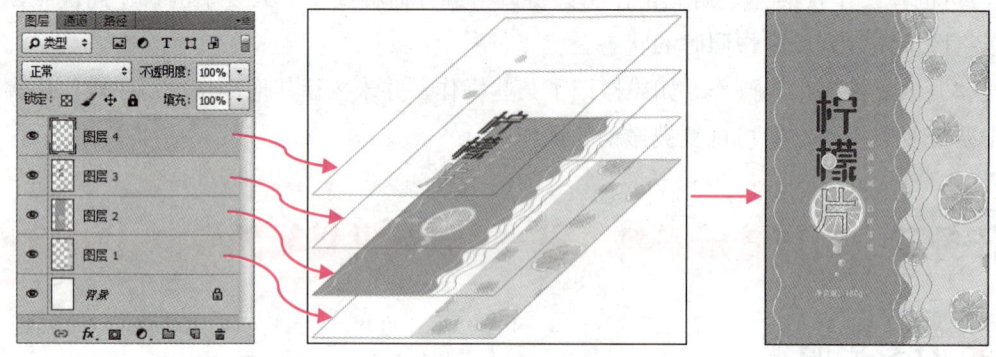

图 1-31　图层与图像

图层有多种类型，如普通图层、形状图层、文本图层等。其中，普通图层是最基本的图层。下面主要介绍普通图层的创建方法。图层的其他知识将在项目六中详细介绍。

一、创建图层

创建图层的方法主要有以下两种：

（1）单击"图层"调板底部的"创建新图层"按钮，可在当前所选图层的上方创建一个完全透明的图层，如图 1-32 所示。

（2）选择"图层"→"新建"→"图层"菜单项或按"Shift+Ctrl+N"快捷键，打开"新建图层"对话框，如图 1-33 所示。在其中输入图层的名称，并根据需要设置图层的颜色、模式、不透明度等，最后单击"确定"按钮。

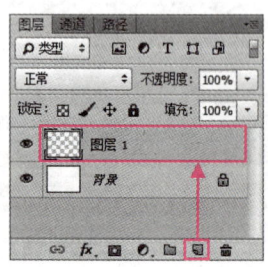

图 1-32　新建图层

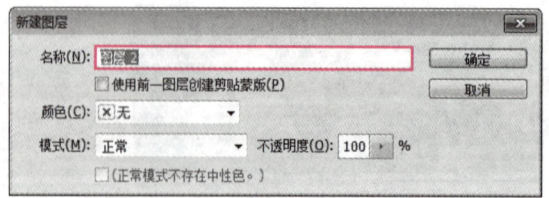

图 1-33　"新建图层"对话框

除上述方法外，在复制图像时，软件会自动创建一个图层，并将复制的图像放置在该图层中，同时自动生成图层的名称。若要重新命名图层的名称，只需双击图层的名称，然后输入新的名称即可。

二、选择图层

要对某个图层中的图像进行编辑，首先要选中该图层。要对多个图层中的图像进行统一编辑，可同时选中所有要编辑的图层。选择图层的方法如下：

（1）在"图层"调板中单击某个图层，可选中该图层。

（2）要选择多个连续的图层，可在按住"Shift"键后，分别单击首尾两个图层。

（3）要选择多个不连续的图层，可在按住"Ctrl"键后，单击要选择的图层。注意：按住"Ctrl"键选择图层时，不要在图层缩览图上单击；否则，将选中该图层的选区。

（4）要选择除背景图层外的所有图层，可选择"选择"→"所有图层"菜单项。

三、复制和删除图层

1. 复制图层

复制图层的方法主要有以下 3 种：

（1）将要复制的图层拖至"图层"调板底部的"创建新图层"按钮 上，然后松开左键。

（2）选中要复制的图层并右击，在弹出的快捷菜单中选择"复制图层"菜单项，在打开的"复制图层"对话框（见图 1-34）中设置图层的名称并选择目标文件，最后单击"确定"按钮。

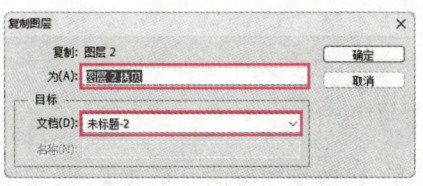

图 1-34 "复制图层"对话框

（3）选中要复制的图层，然后选择"图层"→"复制图层"菜单项，在打开的"复制图层"对话框中进行相关设置，最后单击"确定"按钮。

2. 删除图层

将要删除的图层拖至"图层"调板底部的"删除图层"按钮 上，然后松开左键；或者选中要删除的图层，然后单击"删除图层"按钮 ，在打开的"Adobe Photoshop CC"对话框中单击"是"按钮。删除某个图层后，该图层中的所有内容也会被删除。

> **做一做**
>
> 打开本书配套素材"项目一"文件夹中的"6.psd"文件，创建、选择、复制和删除图层。

四、设置图层的混合模式

图层的混合模式是指一个图层与其下方图层的色彩叠加方式,可用于制作图像融合效果。要设置图层的混合模式,可先选中要设置的图层,然后在"图层"调板的"设置图层的混合模式"列表框中单击,在弹出的下拉列表中选择所需的混合模式,如图1-35所示。

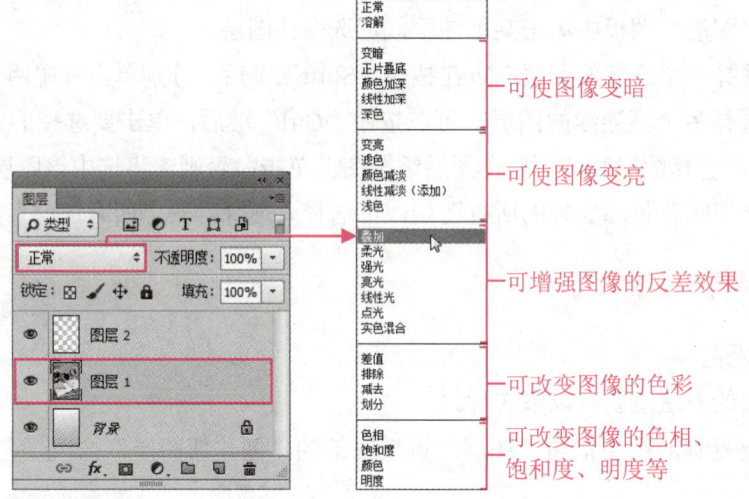

图1-35 设置图层的混合模式

小技巧

设置图层的混合模式时,若想快速在各混合模式间切换,可单击"设置图层的混合模式"列表框,然后按任意方向键。

五、设置图层的不透明度

通过设置图层的不透明度,可改变图像的显示效果。设置图层不透明度的方法有两种:
(1)选中要设置的图层,在"图层"调板的"不透明度"编辑框中输入数值,如图1-36所示。

选中图层

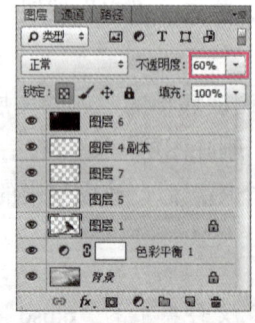
输入数值

显示效果

图1-36 设置图层的不透明度

（2）选中要设置的图层，在"图层"调板的"填充"编辑框中输入数值。但是使用这种方法只能影响图层中的图像（形状图层中的描边除外），不影响图层样式的效果。

> **做一做**
>
> 打开本书配套素材"项目一"文件夹中的"12.psd"文件，调整图层的混合模式和不透明度。

任务实施——制作弦乐盛典广告

步骤 1 启动 Photoshop，新建一个文件，其参数如图 1-37 所示。

步骤 2 打开本书配套素材"项目一"文件夹中的"7.jpg"文件，依次按"Ctrl+A""Ctrl+C"快捷键，选中并复制图像窗口中的所有图像，然后将"弦乐盛典广告.psd"图像窗口设为当前窗口，接着按"Ctrl+V"快捷键，以粘贴图像，效果如图 1-38 所示。

制作弦乐盛典广告

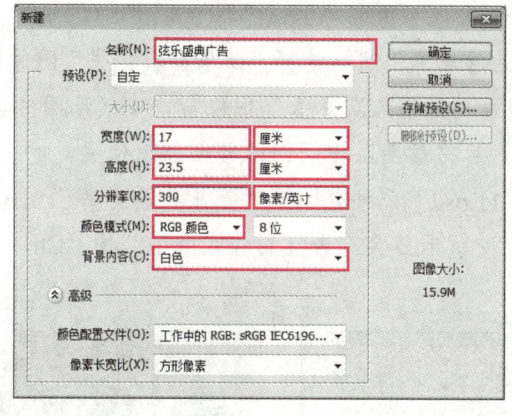

图 1-37 新建文件

图 1-38 复制图像（1）

步骤 3 按"F7"键打开"图层"调板，可以看到软件自动创建的"图层 1"，复制的图像被放置在该图层中，如图 1-39 所示。

步骤 4 打开本书配套素材"项目一"文件夹中的"8.psd"文件，单击"图层"调板中的"星星"图层，将其设为当前图层。参照步骤 2 的操作，将"8.psd"图像窗口"星星"图层中的星星图像复制到"弦乐盛典广告"图像窗口中，效果如图 1-40 所示。

步骤 5 选择工具箱中的"移动工具"，勾选工具属性栏中的"自动选择"复选框，并将该复选框右侧列表框中的选项设为"图层"（表示在拖动某个图像时，该图像所在图层中的所有对象均被拖动），然后按住左键拖动星星图像，将其移至合适位置，效果如图 1-41 所示。

图 1-39　自动创建的"图层 1"　　　图 1-40　复制图像（2）　　　图 1-41　调整图像位置

步骤 6 确保"图层 2"处于选中状态，然后在"图层"调板中的"不透明度"编辑框中输入"80"（见图1-42）并按"Enter"键，为星星图像添加透明效果。

步骤 7 打开本书配套素材"项目一"文件夹中的"9.psd""10.psd""11.psd"文件。拖动"9.psd"图像标签，将该图像窗口设为浮动式，然后选择"弦乐盛典广告"图像标签，按住左键将"9.psd"图像窗口中的图像拖至"弦乐盛典广告"图像窗口中（见图 1-43）。此时，软件自动创建了"乐器1"图层，最后将该图层中的图像移至合适位置。

步骤 8 参照步骤 7，将"10.psd""11.psd"文件复制到"弦乐盛典广告"图像窗口中的合适位置，效果如图 1-44 所示。至此，弦乐盛典广告就制作完成了，按"Ctrl+S"快捷键，将文件保存。

 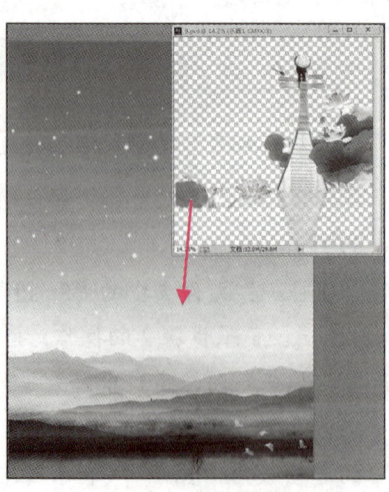 

图 1-42　调整图层的不透明度　　　图 1-43　拖动图像　　　图 1-44　复制图像（3）

课堂实训——制作会议背景展板

使用本任务所学的知识制作如图1-45所示的会议背景展板。本实训的最终效果见本书配套素材"项目一"文件夹中的"会议背景展板.psd"。

图1-45　会议背景展板

提示：

新建一个文件，依次将本书配套素材"项目一"文件夹中的"12.jpg""13.png""13.psd""14.psd"和"15.psd"文件中的图像复制到新建文件的图像窗口中，然后使用"移动工具" 调整图像的位置。可利用快捷菜单中的"复制组"菜单项复制"13.psd"和"15.psd"文件中的图层组，然后将复制得到的图层组的模式设为"穿透"。

项目自测

使用本项目所学的知识制作如图1-46所示的丹参茶广告。案例的最终效果见本书配套素材"项目一"文件夹中的"丹参茶广告.psd"。

图1-46　丹参茶广告

提示：

（1）新建一个文件，将本书配套素材"项目一"文件夹中的"13.jpg"文件中的图像复制到新建文件的图像窗口中。

（2）打开本书配套素材"项目一"文件夹中的"16.psd""17.psd""18.psd"文件，将"16.psd"图像窗口中的墨圈图像复制到新建文件的图像窗口中，并且使用"移动工具"调整该图像的位置，然后将墨圈图像的"混合模式"设为"正片叠底"，将"不透明度"设为"80%"。

（3）将"17.psd""18.psd"图像窗口中的图像复制到新建文件的图像窗口中并调整图像的位置。

项目二

创建和处理选区

选区是从图像中选取的区域，可以是各种形状的封闭区域。要对图像的局部进行移动、复制、填充、描边等操作，需要先选中要操作的区域（即创建选区），再对该区域内的图像进行操作。本项目将讲解创建和处理选区的相关知识。

素质目标

▶ 培养从宏观到微观深刻认识事物的能力，掌握整体和部分的辩证关系。
▶ 培养举一反三的能力和勤于思考、勇于创新的行为习惯。

知识目标

▶ 掌握使用选框工具创建规则选区、使用套索工具创建不规则选区的方法。
▶ 了解选区的运算。
▶ 掌握使用"魔棒工具"、"快速选择工具"、"色彩范围"命令创建选区的方法和使用"调整边缘"命令处理选区边缘的方法。
▶ 掌握使用"钢笔工具"和在快速蒙版模式下创建选区的方法。
▶ 掌握编辑选区、保存和载入选区、对选区进行描边和填充的方法。
▶ 了解自定义填充图案的方法。

能力目标

▶ 能够使用选框工具组和套索工具组中的工具创建选区，并且通过对选区的边缘进行处理，来制作婚纱照、贺卡、广告等。
▶ 能够通过使用"钢笔工具"和"画笔工具"创建选区来制作海报、广告等。
▶ 能够通过编辑选区并对选区进行描边、填充来绘制图像。

任务一　制作婚纱照——使用选框工具和套索工具创建选区

任务说明

在 Photoshop 中,使用选框工具可以创建规则选区,使用套索工具可以创建不规则选区。下面通过制作如图 2-1 所示的婚纱照,学习选框工具和套索工具的使用方法。

素材:素材与实例\项目二\1.jpg～6.jpg 和 7.psd
效果:素材与实例\项目二\婚纱照.psd

图 2-1　婚纱照

相关知识

一、选框工具组

下面分别介绍选框工具组(见图 2-2)中"矩形选框工具"、"椭圆选框工具"、"单行选框工具"、"单列选框工具"的功能。

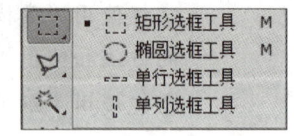

图 2-2　选框工具组

(1) 使用"矩形选框工具"可以创建矩形或正方形选区。

➢ **创建矩形选区的方法:** ① 选中该工具,将光标移到画布上,然后按住左键并拖动鼠标,即可从矩形的一个对角点处创建选区;② 按住"Alt"键和左键并拖动鼠标,即可以单击点为中心创建选区。

➢ **创建正方形选区的方法:** ① 选中该工具,按住"Shift"键和左键并拖动鼠标,即可从正方形的一个对角点处创建选区;② 按住"Alt+Shift"快捷键和左键并拖动鼠标,即可以单击点为中心创建选区。

(2) 使用"椭圆选框工具"可以创建椭圆形或圆形选区,创建方法与使用"矩形选框工具"创建矩形或正方形选区类似。

(3)使用"单行选框工具"可以在图像的水平方向上创建高度为1像素的选区。

(4)使用"单列选框工具"可以在图像的垂直方向上创建宽度为1像素的选区。

二、套索工具组

套索工具组(见图2-3)包括"套索工具"、"多边形套索工具"和"磁性套索工具",使用它们创建的选区通常为不规则选区。

其中,使用"套索工具"可以创建任意形状的选区;使用"多边形套索工具"可以创建棱角分明、边缘呈直线的多边形选区;使用"磁性套索工具"可以自动捕捉图像中不同对象之间的边界线,并且沿着该边界线创建选区。

图2-3 套索工具组

小技巧

"套索工具"、"多边形套索工具"和"磁性套索工具"的快捷键均为"L"。连续按"Shift+L"快捷键,当前选中的工具将在这3种工具间切换。

任务实施——制作婚纱照

步骤1 打开本书配套素材"项目二"文件夹中的"1.jpg""2.jpg"和"3.jpg"文件。

步骤2 将"2.jpg"图像窗口中的图像复制到"1.jpg"图像窗口中,然后使用"移动工具"将复制的图像移至"1.jpg"图像窗口最左侧,效果如图2-4所示。

图2-4 复制并移动图像(1)

制作婚纱照

步骤3 将"3.jpg"图像窗口设为当前窗口。选择"椭圆选框工具",在工具属性栏的"羽化"编辑框中输入"50"(见图2-5)并按"Enter"键。

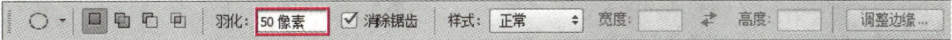

图2-5 工具属性栏(1)

知识库

如图 2-5 所示的工具属性栏中常用按钮、编辑框、复选框、列表框的功能如下：

选区运算按钮：用于控制选区的增减，具体功能将在本任务末尾处的"知识拓展"中详细介绍。

"羽化"编辑框：用于控制选区边缘的柔和程度，其取值范围为 0～250 像素。数值越大，在对选区进行填充、移动、删除等操作时，选区内图像的边缘就越柔和。

"消除锯齿"复选框：用于控制在填充选区时，选区边缘的平滑程度。若不勾选该复选框，则在对选区填充颜色时，选区边缘呈现锯齿状。该复选框仅在选择"椭圆选框工具"后才可用。

"样式"列表框：选择其中的"正常"选项，可采用拖动方式创建任意尺寸的选区；选择其中的"固定比例"选项，软件将按照设置的宽度和高度比例创建选区；选择其中的"固定大小"选项，软件将按照设置的宽度和高度尺寸创建选区。

步骤 4 将光标移至当前窗口，在合适位置单击并按住左键拖动鼠标，创建椭圆形选区（见图 2-6），然后按"Ctrl+C"快捷键，将选区内的图像复制到剪贴板中。

步骤 5 将"1.jpg"图像窗口设为当前窗口，按"Ctrl+V"快捷键，将剪贴板中的图像粘贴到当前窗口中，然后使用"移动工具"将粘贴的人物图像移至合适位置，效果如图 2-7 所示。

图 2-6　创建椭圆形选区

图 2-7　人物图像的位置

小贴士

在 Photoshop 中可以创建两种选区：普通选区和羽化的选区。普通选区的边界分明、清晰，而羽化的选区，其边界会呈现虚化效果。合成图像时，通过设置合适的羽化值，可以使合成效果更加自然。

项目二　创建和处理选区

步骤 6 打开本书配套素材"项目二"文件夹中的"4.jpg""5.jpg"和"6.jpg"文件，并将"4.jpg"图像窗口设为当前窗口，然后选择"磁性套索工具" ，此时的工具属性栏如图 2-8 所示。

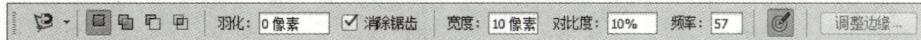

图 2-8　工具属性栏（2）

知识库

如图 2-8 所示的工具属性栏中各编辑框的功能如下：

"宽度"编辑框：用于设置检索图像的距离范围。例如，在该编辑框中输入"10"，表示使用"磁性套索工具"只能寻找光标附近 10 个像素之内图像的边缘。

"对比度"编辑框：用于设置套索的敏感度。若要选取的图像与周围图像的颜色差别不大，可将对比度参数设置得小些；否则，可将对比度参数设置得大些。

"频率"编辑框：用于控制套索上节点出现的频率。若该编辑框中的数值越大，产生的节点也就越多。

步骤 7 采用默认的工具属性栏中的参数，将光标移至图像窗口中并在要选取的图像的边缘单击，以指定套索的起点，然后沿要选取的图像边缘移动光标，当光标返回至起点且为 形状时单击，即可完成选区的创建，如图 2-9 所示。

图 2-9　创建选区

步骤 8 使用"Ctrl+C"和"Ctrl+V"快捷键将选区内的图像复制到"1.jpg"图像窗口中，然后使用"移动工具" 将复制的图像移至合适的位置，效果如图 2-10 所示。

图 2-10　复制并移动图像（2）

31

步骤 9 将"5.jpg"图像窗口设为当前窗口。选择"套索工具"，在工具属性栏的"羽化"编辑框中输入"50"并按"Enter"键，然后将光标移至要选取的图像的周围，按住左键拖动鼠标，以选择选区范围，当光标到达起点时释放左键，如图 2-11 所示。

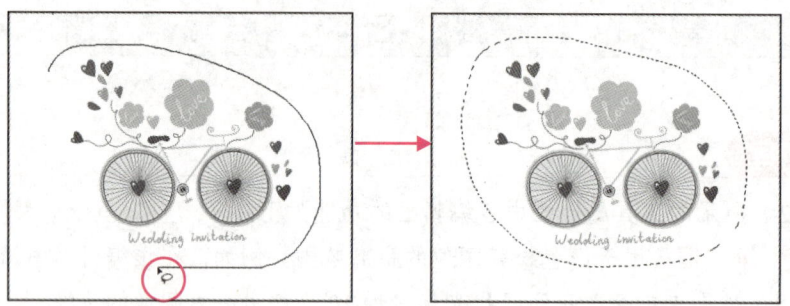

图 2-11　创建选区

> **小贴士**
>
> 在使用"套索工具"创建选区时，如果释放左键，软件会自动用直线将起点和终点连接，从而形成一个封闭的选区。

步骤 10 使用"Ctrl+C"和"Ctrl+V"快捷键将选区内的图像复制到"1.jpg"图像窗口中，然后使用"移动工具"将复制的图像移至合适的位置，效果如图 2-12 所示。

步骤 11 将前景色设为粉红色，参数设置如图 2-13 所示。

图 2-12　复制并移动图像（3）

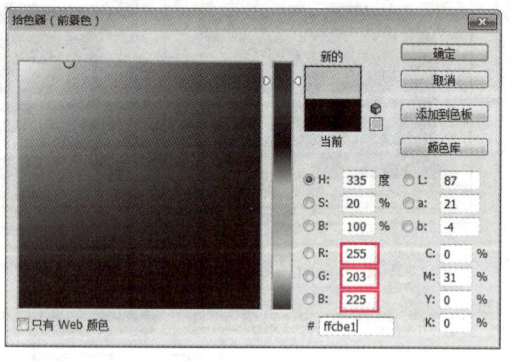

图 2-13　设置前景色

步骤 12 选择"多边形套索工具"，将光标移至图像窗口中如图 2-14（a）所示的 A 点处并单击，然后依次在 B、C、D 点处单击，最后将光标移至 A 点处，待光标变为时单击，即可完成选区的创建，如图 2-14（b）所示。

步骤 13 使用"油漆桶工具"为选区填充前景色，然后按"Ctrl+D"快捷键，以取消选区，效果如图 2-15 所示。

（a）

（b）

图 2-14　创建选区

图 2-15　为选区填充颜色

步骤 14　将"6.jpg"图像窗口设为当前窗口，选择"矩形选框工具"，在工具属性栏的"羽化"编辑框中输入"50"像素，然后在图像中创建矩形选区，效果如图 2-16 所示。

步骤 15　将选区内的图像复制到"1.jpg"图像窗口中，然后将其放置在图像右上角，接着在"图层"调板中的"不透明度"编辑框中输入"30"，以调整复制的图像的不透明度，效果如图 2-17 所示。

图 2-16　创建矩形选区

图 2-17　复制选区内的图像并调整不透明度

步骤 16 选择"单列选框工具" ，在"1.jpg"图像窗口中单击，以创建一个宽度为 1 像素的单列选区；按住"Shift"键继续单击，以创建其他选区，效果如图 2-18 所示。

步骤 17 在"图层"调板中选择"图层 1"图层，然后按"Delete"键，删除当前选区内的图像，最后按"Ctrl+D"快捷键，取消选区，效果如图 2-19 所示。

图 2-18　创建单列选区

图 2-19　删除选区内的图像

小贴士

使用"单行选框工具" 和"单列选框工具" 创建选区时，工具属性栏的"羽化"编辑框中的数值必须为 0；否则，将无法创建选区。

步骤 18 打开本书配套素材"项目二"文件夹中的"7.psd"文件，将其复制到"1.jpg"图像窗口中并调整复制的图像的位置，效果如图 2-1 所示。至此，婚纱照就制作完成了。

课堂实训——制作精美贺卡

使用本任务所学的知识合成如图 2-20 所示的精美贺卡。本实训的最终效果见本书配套素材"项目二"文件夹中的"精美贺卡.psd"。

图 2-20　精美贺卡

提示：

打开本书配套素材"项目二"文件夹中的"8.jpg"～"12.jpg"文件，分别使用"套索工具" 、"多边形套索工具" 、"磁性套索工具" 和"矩形选框工具" ，将素材中的图案复制到背景图像中，并将它们移动到合适的位置。

知识拓展 ——选区的运算

选择选框工具组中的工具后会出现工具属性栏，其中的选区运算按钮的具体功能如下：

（1）"新选区"按钮 ：单击该按钮，表示创建新选区后，原选区将被取消。

（2）"添加到选区"按钮 ：单击该按钮或按住"Shift"键，可在原选区选中的情况下，继续创建其他选区，并且在释放左键后，所有选区将合并为一个新选区，如图2-21（a）所示。

（3）"从选区减去"按钮 ：选中该按钮或按住"Alt"键，可在原选区选中的情况下，继续创建其他选区，并且在释放左键后，若原选区与新选区有重叠区域，将从原选区中减去重叠区域，如图2-21（b）所示；若无重叠区域，将仅选中原选区。

（4）"与选区交叉"按钮 ：选中该按钮，可在原选区选中的情况下，继续创建其他选区，但所创建的选区必须与原选区存在交叉部分，并且仅选中交叉的选区，如图2-21（c）所示。

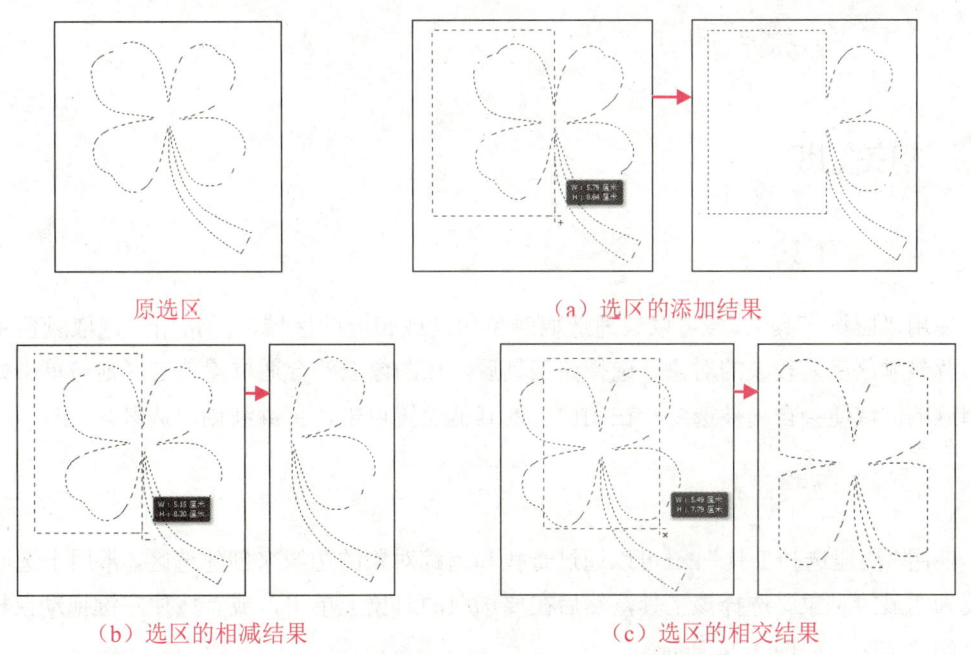

原选区　　　　　　　　　　（a）选区的添加结果

（b）选区的相减结果　　　　（c）选区的相交结果

图2-21　原选区与选区的运算结果

任务二　制作巧克力广告——按颜色创建选区并处理其边缘

任务说明

在 Photoshop 中，使用工具箱中的"魔棒工具" 、"快速选择工具" （见图 2-22）和菜单栏中的"色彩范围"命令，可以创建颜色相同或相近的选区；使用菜单栏中的"调整边缘"命令，可以对选区的边缘进行处理。下面通过制作如图 2-23 所示的巧克力广告，学习按颜色创建选区并处理其边缘的方法。

素材：素材与实例\项目二\13.jpg、14.jpg 和 15.jpg

效果：素材与实例\项目二\巧克力广告.psd

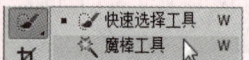

图 2-22　按颜色创建选区的工具　　　　图 2-23　巧克力广告

相关知识

一、魔棒工具

使用"魔棒工具" 可以快速选取颜色相同或相近的区域，通常用于选取颜色单一或与背景颜色反差较大的对象。选择该工具后，在图像上的合适位置单击，则与单击处颜色相近的区域便会自动被选中；在图像上的其他位置单击，可继续创建选区。

二、快速选择工具

使用"快速选择工具" 可以通过查找和追踪对象的边缘来创建选区，常用于选取边缘较为明显的对象。选择该工具，然后在要选取的对象上单击，或者按住左键拖动鼠标，即可创建选区，如图 2-24 所示。

三、色彩范围

使用"色彩范围"命令可以通过指定图像中的颜色来创建选区。选择"选择"→"色彩范围"菜单项,打开"色彩范围"对话框,在图像上单击,以拾取颜色,然后通过在该对话框中拖动"颜色容差"滑块,调整颜色的选取范围,最后单击"确定"按钮,即可创建选区,如图 2-25 所示。

图 2-24 使用"快速选择工具"创建选区　　图 2-25 使用"色彩范围"命令创建选区

四、调整边缘

使用"调整边缘"命令不仅可以对选区进行柔化、平滑、羽化、扩展等处理,还可以消除选区边缘的杂色、设定选区的输出方式等。该命令的具体使用方法将在本任务的任务实施中详细介绍。

📝 任务实施 ——制作巧克力广告

步骤 1 新建一个文件,将其名称设为"巧克力广告",宽度设为 20 厘米,高度设为 30 厘米,分辨率设为 200 像素/英寸,背景设为白色,其余参数均采用默认设置。

步骤 2 打开本书配套素材"项目二"文件夹中的"13.jpg"和"14.jpg"文件,将"13.jpg"图像窗口设为当前窗口。选择"魔棒工具",在工具属性栏中单击"添加到选区"按钮,然后在"容差"编辑框中输入"32",如图 2-26 所示。

制作巧克力广告

图 2-26 选择"魔棒工具"并设置参数

知识库

如图 2-26 所示的工具属性栏中的编辑框和复选框的功能如下：

"容差"编辑框： 用于设置选取的颜色范围，其值在 0～255 之间。数值越小，选取的颜色越接近取样点的颜色，即选取范围越小。容差值为 30 和 50 时的选区效果分别如图 2-27（a）和图 2-27（b）所示。

"连续"复选框： 勾选该复选框时，只能选择与单击处色彩相近的连续区域，如图 2-27（b）和图 2-27（c）所示；不勾选该复选框时，可以选择与单击处色彩相近的所有区域，如图 2-27（c）所示。

"对所有图层取样"复选框： 勾选该复选框时，可选择所有图层（即可见图层）中与单击处色彩相近的区域；不勾选该复选框时，只能选择当前图层（即可见图层）中与单击处色彩相近的区域。

 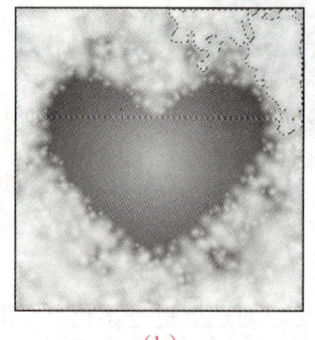 

（a） （b） （c）

图 2-27 使用"魔棒工具"创建选区

小贴士

打开本书配套素材"项目二"文件夹中的"16.jpg"文件，使用"魔棒工具"创建如图 2-27 所示的选区。

步骤 3 将光标移至图像的浅绿色背景处并单击，则与单击处颜色相近的区域便会自动被选中，然后在颜色相近的区域单击，继续创建选区，最后按"Shift+Ctrl+I"快捷键进行反选，即选中未被选中的选区，如图 2-28 所示。

步骤 4 使用"Ctrl+C"和"Ctrl+V"快捷键将选区内的图像复制到新建文件的图像窗口中，最后使用"移动工具"将其移动到如图 2-29 所示的位置。

步骤 5 将"14.jpg"图像窗口设为当前窗口。选择"快速选择工具"，在工具属性栏中单击"添加到选区"按钮，然后单击其右侧的列表框，在弹出的面板中可设置画笔的大小、硬度、间距等参数。本案例中的参数设置如图 2-30 所示。

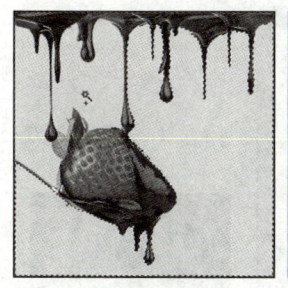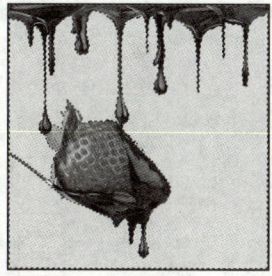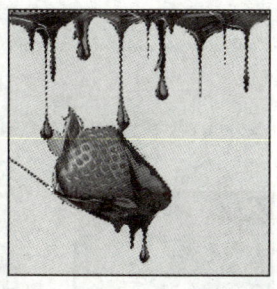

图 2-28　使用"魔棒工具"创建选区　　　　　　　　图 2-29　复制图像

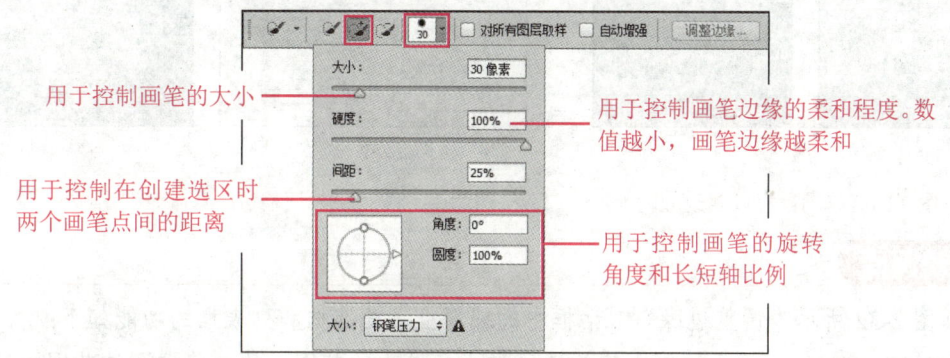

用于控制画笔的大小

用于控制在创建选区时
两个画笔点间的距离

用于控制画笔边缘的柔和程度。数值越小，画笔边缘越柔和

用于控制画笔的旋转
角度和长短轴比例

图 2-30　画笔的参数设置

小技巧

使用"快速选择工具"　创建选区时，若按"Shift+]"键，则可增大画笔；若按"Shift+["键，则可缩小画笔。在创建选区时若不小心选中了不需要选中的区域，则可单击工具属性栏中的"从选区减去"按钮　或按住"Alt"键，然后在不需要选中的区域内拖动鼠标。

步骤 6　将光标移至人物面部，然后单击并拖动鼠标，则光标经过位置处颜色相近的区域均被选中，如图 2-31 所示。

步骤 7　创建好选区后，工具属性栏中的"调整边缘"按钮变为可操作状态。单击该按钮或选择"选择"→"调整边缘"菜单项，可打开"调整边缘"对话框，单击其中的"视图"列表框，在弹出的下拉列表中选择"黑底"选项，以便更好地观察选区效果。最后参照图 2-32（a）设置半径、平滑、羽化、对比度的数值并单击"确定"按钮，即可细化创建的选区。图 2-32（b）为图像窗口中的效果。

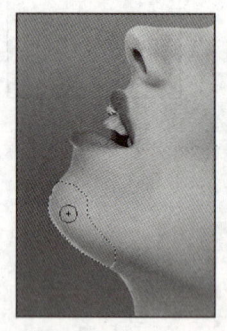 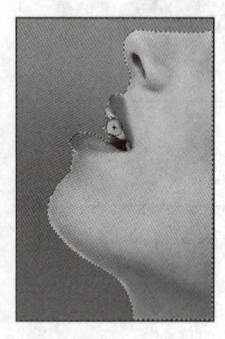 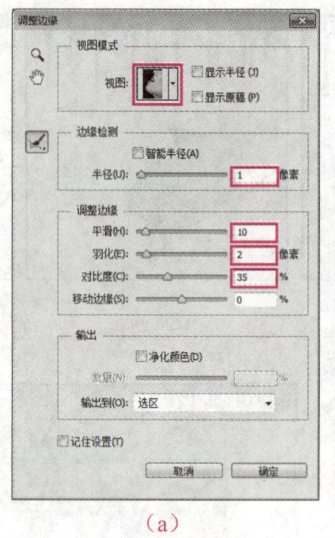 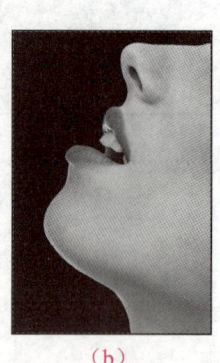

（a）　　　　　　　　　　　　（b）

图 2-31　拖动鼠标以创建选区　　　　图 2-32　使用"调整边缘"命令细化选区

> **知识库**
>
> 如图 2-32 所示"调整边缘"对话框中的编辑框、复选框和列表框的功能如下：
>
> **"半径"编辑框**：用于控制创建的选区扩大和缩小的范围，软件将按照该范围内的颜色，判断并选中最终的选区。
>
> **"平滑"编辑框**：用于减少选区边缘的不规则区域，以便选区的边界更加平滑。
>
> **"羽化"编辑框**：用于设置选区边缘的羽化效果（羽化范围为 0～250 像素）。
>
> **"对比度"编辑框**：可锐化选区的边缘，使其变得生硬。对于设置了羽化效果的选区，通过增加对比度可降低或消除羽化效果。
>
> **"移动边缘"编辑框**：其中的数值为负值时，可收缩选区的边缘；反之，可扩展选区的边缘。
>
> **"净化颜色"复选框**：勾选该复选框后，拖动其下的"数量"滑块，可去除选区边缘的杂色。"数量"编辑框中的数值越大，清除杂色的范围越广。
>
> **"输出到"列表框**：用于控制选区的输出方式，如仅创建选区、将选区移至图层蒙版中或新建的图层中等。

步骤 8　参照步骤 4，将选区内的图像复制到新建文件的图像窗口中，并且放置在合适位置，效果如图 2-33 所示。

步骤 9　将"15.jpg"图像窗口设为当前窗口。选择"选择"→"色彩范围"菜单项，打开"色彩范围"对话框，如图 2-34 所示。

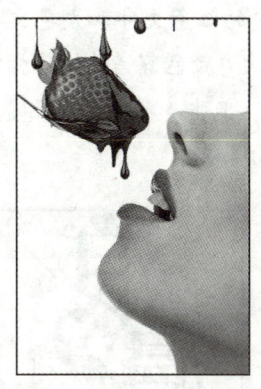

图 2-33　复制并移动图像

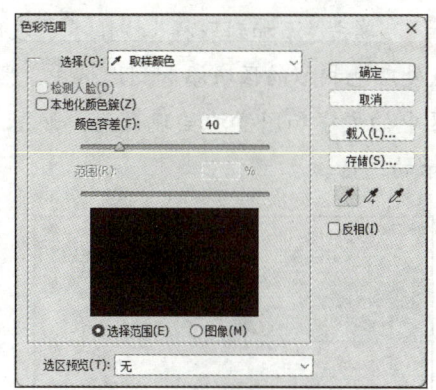

图 2-34　"色彩范围"对话框

> **知识库**
>
> 　　如图 2-34 所示"色彩范围"对话框中的列表框、复选框、编辑框、单选钮和吸管工具的功能如下：
>
> 　　**"选择"列表框**：用于控制选择颜色的方式。若选择"取样颜色"选项，则表示可用"吸管工具" 从图像中选择要选取的颜色；若选择其余选项，如"红色""黄色""高光""中间调""阴影"等，则表示可以选中图像中相应颜色的区域。
>
> 　　**"本地化颜色簇"复选框**：用于设置可在以取样点为中心的多大范围内选取颜色，选取颜色的范围大小可在"范围"编辑框中设置。该编辑框中的数值越大，所选取的范围越大。该数值为 100% 时，表示选取颜色的范围为整幅图像。
>
> 　　**"颜色容差"编辑框**：用于设置与取样点颜色相同与相近的颜色范围。数值越小，表示取样的颜色范围越小；数值越大，表示取样的颜色范围越大。
>
> 　　**"选择范围"和"图像"单选钮**：用于设置在其上方预览区中图像的显示方式，即显示选区内的图像或完整图像。
>
> 　　**"选区预览"列表框**：用于设置图像窗口中选区的预览方式。默认情况下，该列表框中选中的选项为"无"，即不在图像窗口中显示选择效果。若选择"灰度""黑色杂边"或"白色杂边"选项，则表示图像窗口中将以灰色调、黑色或白色显示未选区域。
>
> 　　**"吸管工具"** ：用于采用在图像窗口或"色彩范围"对话框的预览区中单击的方式选取颜色。
>
> 　　**"添加到取样" 和"从取样中减去"** ：分别用于将与选择的颜色对应的区域增加到已选中的选区内，或从已选中的选区内减去该区域。
>
> 　　**"反相"复选框**：用于在选中的区域与未被选中的区域间进行切换。

步骤 10　单击图像窗口中的黑色文字，此时，与单击点颜色相近的区域将被选中（预览区中的白色区域为选区）。

步骤 11 单击"添加到取样"按钮，在图像窗口中的红色文字和灰色文字上单击，将与单击点处颜色相似的区域添加到选区中，然后适当增大"颜色容差"编辑框中的数值，直至预览区中的文字和图案均呈现白色，如图2-35所示。单击"确定"按钮，则创建如图2-36所示的选区。

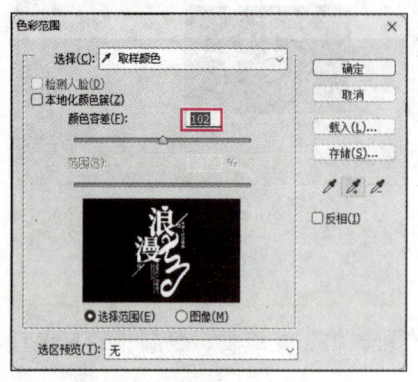

图2-35 预览区中的文字和图案　　　　图2-36 创建选区（2）

步骤 12 将选区内的图像复制到新建的图像窗口中并调整其位置，然后将"图层3"移至"图层2"的下方，最终效果如图2-23所示。至此，巧克力广告就制作完成了。

课堂实训——制作蛋糕广告

使用本任务所学的知识制作如图2-37所示的蛋糕广告。本实训的最终效果见本书配套素材"项目二"文件夹中的"蛋糕广告.psd"。

图2-37 蛋糕广告

提示：

打开本书配套素材"项目二"文件夹中的"17.jpg"~"20.jpg"文件，使用"快速选择工具"沿着"18.jpg"图像窗口中心形图像的边缘创建选区，使用"魔棒工具"沿着"19.jpg"图像窗口中的蛋糕图像的边缘创建选区，使用"色彩范围"命令沿着"20.jpg"图像窗口中文字图像的边缘创建选区，并且分别将各图像复制、移动到"17.jpg"图像窗口中的合适位置。

任务三　制作啤酒海报——创建高级选区

任务说明

除了使用选框工具组、套索工具组中的工具和按颜色创建选区外，还可以使用"钢笔工具"创建选区，或者在快速蒙版模式下创建选区。下面通过制作如图 2-38 所示的啤酒海报，学习使用"钢笔工具"创建选区和在快速蒙版模式下创建选区的方法。

素材：素材与实例\项目二\22.jpg~25.jpg、26.psd

效果：素材与实例\项目二\啤酒海报.psd

图 2-38　啤酒海报

相关知识

一、钢笔工具

在使用工具箱中的"钢笔工具"创建选区时，应先绘制路径，再将路径转换为选区。使用"钢笔工具"可在颜色多样且形状不规则的图像中创建选区。

使用"钢笔工具"创建选区的方法如下：选择"钢笔工具"，在工具属性栏中

43

选择"路径"选项；在图像窗口中的合适位置依次单击（或单击并拖动鼠标），以绘制路径，最后将光标移至起始锚点处，当光标变为 ◊。时单击，以绘制封闭路径；打开"路径"调板（见图 2-39），按住"Ctrl"键并单击工作路径的缩览图或按"Ctrl+Enter"快捷键，可将封闭的路径转换为选区。

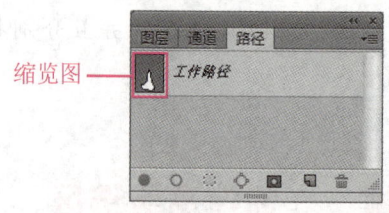

图 2-39 "路径"调板

二、画笔工具

单击工具箱中的"以快速蒙版模式编辑"按钮 ◻，进入快速蒙版模式，此时该按钮变为"以标准模式编辑"按钮 ◻，使用"画笔工具" ✎ 在要选择的区域内涂抹（可配合使用"橡皮擦工具" ◢），最后单击"以标准模式编辑"按钮 ◻，退出快速蒙版模式，即可沿涂抹区域边缘创建选区。

此外，双击"以标准模式编辑"按钮 ◻，在打开的"快速蒙版选项"对话框中可设置创建蒙版的方式。

任务实施——制作啤酒海报

步骤 1 打开本书配套素材"项目二"文件夹中的"22.jpg"和"23.jpg"文件。

步骤 2 将"23.jpg"图像窗口设为当前窗口，选择"钢笔工具" ✎，在工具属性栏中选择"路径"选项，如图 2-40 所示。

图 2-40 工具属性栏

制作啤酒海报

步骤 3 将光标移至啤酒瓶瓶盖的合适位置并单击，创建路径上的第 1 个锚点；将光标移至合适位置，然后按住左键不放并拖动鼠标，创建第 2 个锚点，即带控制柄的锚点；将光标移至酒瓶瓶盖转折处，然后按住左键不放并拖动鼠标，创建第 3 个锚点，如图 2-41 所示。

步骤 4 继续沿着啤酒瓶的边缘绘制路径，光标在起始锚点处将变为 ◊。此时单击，即可绘制一条封闭路径，如图 2-42 所示。

图 2-41　创建锚点　　　　　　　图 2-42　绘制封闭路径

步骤 5　打开"路径"调板,可以看到软件自动生成的工作路径,如图 2-43(a)所示。按住"Ctrl"键并单击工作路径的缩览图(或按"Ctrl+Enter"快捷键),将封闭的路径转换为选区,效果如图 2-43(b)所示。按"Ctrl+C"快捷键,复制选区内的啤酒瓶图像。

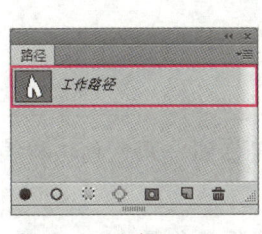

(a)　　　　　　　　　　　　　(b)

图 2-43　使用"路径"调板将路径转换为选区

> **小贴士**
>
> 若绘制的路径与图像边缘不吻合,可使用工具箱中的"直接选择工具" 对锚点的位置和控制柄的方向进行调整。

步骤 6　将"22.jpg"图像窗口设为当前窗口,按"Ctrl+V"快捷键,将复制的啤酒瓶图像粘贴到该窗口中,然后将该图像移动到合适的位置,效果如图 2-44 所示。

步骤 7　打开本书配套素材"项目二"文件夹中的"24.jpg"文件,参照上述操作方法,使用"钢笔工具" 沿着企鹅图像的轮廓创建一条封闭路径,将该路径内的图像复制到"22.jpg"图像窗口中并移至合适位置,效果如图 2-45 所示。

图 2-44　粘贴并移动啤酒瓶图像　　　　　　图 2-45　粘贴并移动企鹅图像

步骤 8　打开本书配套素材"项目二"文件夹中的"25.jpg"文件。双击"以快速蒙版模式编辑"按钮，打开如图 2-46 所示的"快速蒙版选项"对话框，选中其中的"所选区域"单选钮，然后单击"确定"按钮，关闭该对话框。

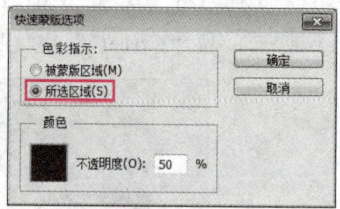

图 2-46　"快速蒙版选项"对话框

知识库

如图 2-46 所示的"快速蒙版选项"对话框中的单选钮、颜色色块和编辑框的功能如下：

"被蒙版区域"单选钮：表示选区外的图像将被蒙版颜色覆盖。

"所选区域"单选钮：表示选择的区域将被蒙版颜色覆盖。

颜色色块：用于设置蒙版的颜色。

"不透明度"编辑框：用于设置蒙版的不透明度。

步骤 9　单击"以快速蒙版模式编辑"按钮，选择"画笔工具"，单击工具属性栏中的列表框，在弹出的面板中选择"柔边圆"画笔，将画笔的大小设为 40 像素，如图 2-47 所示。将光标移至冰块图像上，按住左键并拖动鼠标进行涂抹，以绘制蒙版区（即冰块所在的区域），如图 2-48 所示。

项目二　创建和处理选区

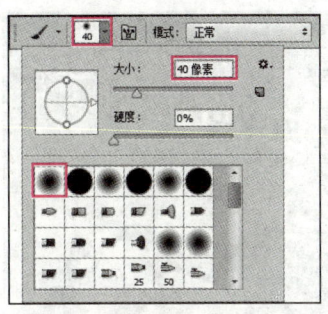

图 2-47　设置画笔工具的参数

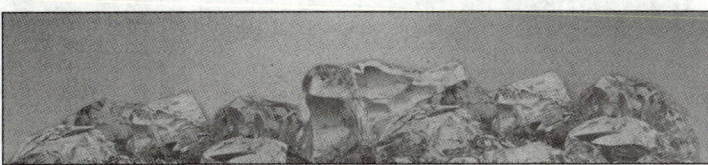

图 2-48　在冰块图像上涂抹

> **⚠ 小贴士**
>
> 　　为了更加精准地涂抹所需区域或使操作更加方便快捷，在涂抹过程中，经常需要使用下列快捷键：按"Ctrl++"快捷键，放大图像；按住空格键，待光标将变为🖐时移动图像；按"Shift+["键或"Shift+]"键缩小或增大画笔。此外，如果使用"画笔工具"✏涂抹了不需要选择的区域，则可使用"橡皮擦工具"🧽擦除多选的区域。

步骤 10　单击"以标准模式编辑"按钮🔲，可查看创建的选区，即涂抹区域均变为选区，效果如图 2-49 所示。

图 2-49　创建的选区

步骤 11　使用"Ctrl+C"和"Ctrl+V"快捷键将选区内的冰块图像复制到"22.jpg"图像窗口中，然后将该图像移至合适的位置，效果如图 2-50 所示。

步骤 12　打开本书配套素材"项目二"文件夹中的"26.psd"文件，选中"标志"图层，然后使用"多边形套索工具"✂选中图像窗口中的标志，按"Ctrl+C"和"Ctrl+V"快捷键将该标志复制到"22.jpg"图像窗口中，并放置在合适的位置。选中"26.psd"文件中的"标志"图层，然后使用"多边形套索工具"✂选中图像窗口中的文字"冰爽世界唯我独尊"，将其复制并移至合适的位置，效果如图 2-51 所示。至此，啤酒海报就制作完成了。

47

图 2-50 复制并移动冰块图像

图 2-51 复制并移动标志和广告语

课堂实训——制作冰箱广告

使用本任务所学的知识制作如图 2-52 所示的冰箱广告。本实训的最终效果见本书配套素材"项目二"文件夹中的"冰箱广告.psd"。

图 2-52 冰箱广告

提示：

打开本书配套素材"项目二"文件夹中的"27.jpg""28.jpg""29.psd""30.psd"文件，然后单击"以快速蒙版模式编辑"按钮，使用"画笔工具"和"橡皮擦工具"抠取人物图像，将其复制并移至"27.jpg"图像窗口中的合适位置；使用"矩形选框工具"和"油漆桶工具"在"27.jpg"图像窗口中绘制红色矩形；使用"钢笔工具"抠取冰箱图像，将其复制并移至"27.jpg"图像窗口中的合适位置。

项目二　创建和处理选区

任务四　绘制卡通小熊——对选区进行编辑、保存等操作

任务说明

在创建选区后，还可以对选区进行编辑、保存等操作。下面通过绘制如图2-53所示的卡通小熊，学习编辑选区、对选区进行描边和填充的方法。

素材：素材与实例\项目二\36.jpg 和 37.jpg

效果：素材与实例\项目二\卡通小熊.psd

图2-53　卡通小熊

相关知识

一、编辑选区

既可以使用"修改""选择""视图"菜单中的菜单项编辑已经创建的选区，也可以移动、缩放、旋转选区或使其变形。

（一）使用"修改"菜单中的菜单项编辑选区

使用"选择"→"修改"菜单中的"边界""扩展""平滑""收缩""羽化"菜单项可修改选区。

（1）边界选区。使用"边界"菜单项可在已有选区［如图2-54（a）中的原选区］的基础上，按设置的宽度值创建一个环状选区，如图2-54（b）所示。

（2）扩展选区。使用"扩展"菜单项可将选区按设置的数值向外扩展，如图2-54（c）所示。

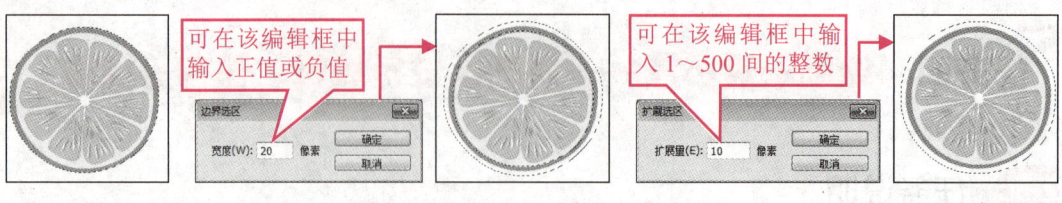

（a）原选区　　　　　　　　（b）边界选区　　　　　　　（c）扩展选区

图 2-54　边界选区和扩展选区

（3）平滑选区。使用"平滑"菜单项可消除选区边缘的锯齿，使其变得平滑。如图 2-55 所示，使用"魔棒工具" 创建选区，然后选择"选择"→"修改"→"平滑"菜单项，打开"平滑选区"对话框，在"取样半径"编辑框中输入数值并单击"确定"按钮，即可使选区边缘变得平滑。

 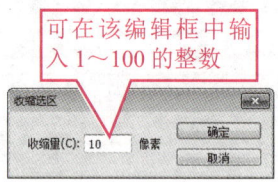 

图 2-55　平滑选区

（4）收缩选区。使用"收缩"菜单项可在保持选区形状不变的情况下，将选区向内收缩，如图 2-56 所示。

 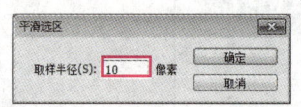 

图 2-56　收缩选区

（5）羽化选区。制作选区后，选择"选择"→"修改"→"羽化"菜单项，或者按"Shift+F6"快捷键，打开如图 2-57 所示的"羽化选区"对话框，在"羽化半径"编辑框中输入数值并单击"确定"按钮，即可羽化选区。

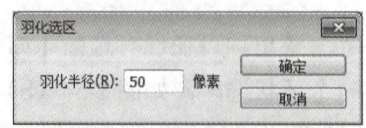

图 2-57　"羽化选区"对话框

项目二　创建和处理选区

探讨分享

打开本书配套素材"项目二"文件夹中的"32.jpg"文件，参照图2-54进行操作，然后分享"边界"和"扩展"菜单项的功能。

打开本书配套素材"项目二"文件夹中的"33.jpg"文件，参照图2-55进行操作，然后分享"平滑"菜单项的功能；打开"34.psd"文件，参照图2-56进行操作，然后按"Delete"键删除选区内的图像，显示下层图像，分享"收缩"菜单项的功能。

（二）使用"选择"或"视图"菜单中的菜单项编辑选区

（1）取消选区。选择"选择"→"取消选择"菜单项，或者按"Ctrl+D"快捷键，可取消选区。

（2）重新选择选区。取消选区后，选择"选择"→"重新选择"菜单项，或者按"Shift+Ctrl+D"快捷键，可选中已取消的选区。

（3）隐藏或显示选区。选择"视图"→"显示"→"选区边缘"菜单项，或者按"Ctrl+H"快捷键，可隐藏或显示选区。

（4）反选选区。选择"选择"→"反向"菜单项，或者按"Shift+Ctrl+I"快捷键，可使当前图像中的选区与非选区相互转换。

（5）扩大选取。选择"选择"→"扩大选取"菜单项，可选择与原有选区相邻且图像的颜色相近的区域，如图2-58（b）所示。

（6）选取相似。选择"选择"→"选取相似"菜单项，可选择与原有选区内图像颜色相近的区域（包括不相邻的区域），如图2-58（c）所示。

　　（a）原选区　　　　　　　　（b）选取相邻区域　　　　　　　（c）选取相似区域

图2-58　使用"扩大选取"和"选取相似"菜单项选择选区

小贴士

使用"扩大选取"和"选取相似"菜单项均可以扩大选区，选区的扩大程度受"魔棒工具"属性栏中"容差"编辑框中数值的影响。该值越大，选取的范围越广。读者可打开本书配套素材"项目二"文件夹中的"31.jpg"文件，使用"魔棒工具"和"扩大选取"或"选取相似"菜单项创建并编辑选区。

51

（三）移动、缩放、旋转选区或使其变形

在创建一个选区后，选择"选择"→"变换选区"菜单项，选区的四周将出现一个带有 8 个控制点的变形框，如图 2-59 所示。此时，可按照表 2-1 中的操作对选区进行移动、缩放、旋转等操作，或使选区产生变形效果。操作结束后按"Enter"键，可应用相应的操作；按"Esc"键，可取消相应的操作。

表 2-1　移动、缩放、旋转选区或使其变形的具体操作

功能	具体操作
移动选区	将光标放置在变形框内，当光标变为▶形状时，按住左键并拖动鼠标
缩放选区	将光标移至变形框的控制点"□"上，待光标变为↔、↕、↗、↘形状时，按住左键并拖动鼠标
旋转选区	将光标移至变形框外任意位置，待光标变为呈不同角度的↻形状时，按住左键并拖动鼠标
均匀缩放选区	按住"Shift"键并拖动 4 个角点处的任意一个控制点
使选区产生扭曲效果	按住"Ctrl"键并拖动某个控制点
使选区产生对称效果	按住"Alt"键并拖动某个控制点
使选区产生斜切效果	按住"Ctrl+Shift"快捷键并拖动某个控制点
使选区产生透视效果	按住"Ctrl+Alt+Shift"快捷键并拖动某个控制点

此外，出现变形框后，在图像窗口中右击，使用弹出的快捷菜单（见图 2-60）中的菜单项也可以对该选区进行相应的操作。

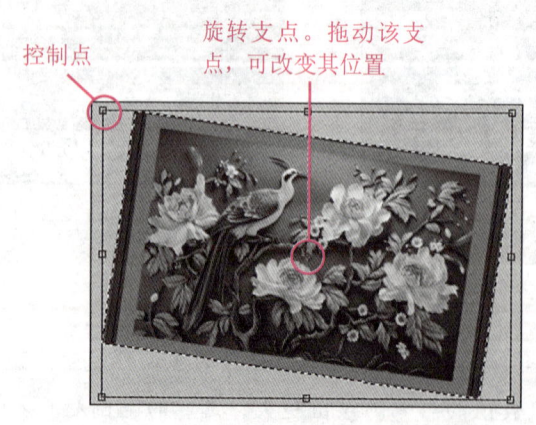

图 2-59　变形框

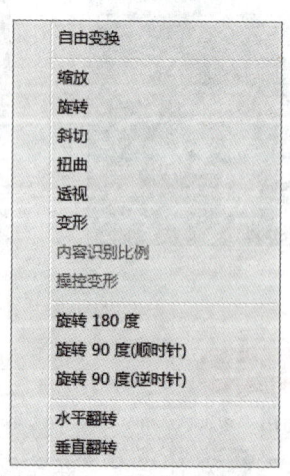

图 2-60　快捷菜单

项目二　创建和处理选区

> **做一做**
>
> 打开本书配套素材"项目二"文件夹中的"34.jpg"文件，为壁画创建一个选区，然后按表 2-1 中的操作或者使用如图 2-60 所示快捷菜单中的菜单项移动、缩放、旋转选区或使其变形。

二、保存和载入选区

创建选区后，可以将该选区保存。日后若需要使用该选区，则可将其重新载入图像窗口中。

例如，打开本书配套素材"项目二"文件夹中的"35.jpg"文件，为小鸭子图像创建选区［见图 2-61（a）］，然后选择"选择"→"存储选区"菜单项，打开"存储选区"对话框，在其中选择保存选区的文档（一般情况下保存在原文档中）并输入通道名称［见图 2-61（b）］，最后单击"确定"按钮，即可将创建的选区显示在"通道"调板中，如图 2-61（c）所示。

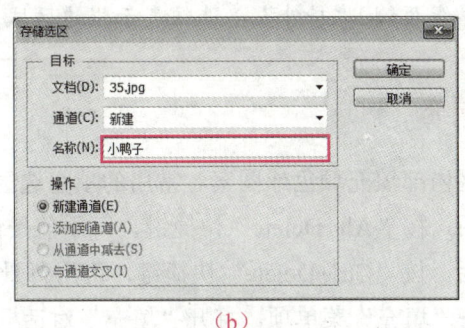
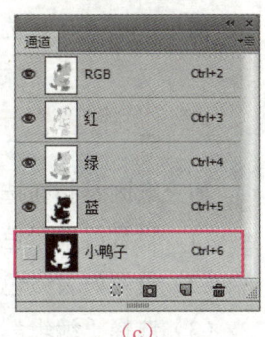

（a）　　　　　　　　　　　　（b）　　　　　　　　　　　　（c）

图 2-61　使用"通道"调板保存选区

> **小技巧**
>
> 制作好选区后，单击"通道"调板底部的"将选区存储为通道"按钮 ，软件会创建一个"Alpha"通道并将选区保存在其中。

若要调出前面保存的选区，可选择"选择"→"载入选区"菜单项，在"载入选区"对话框的"通道"下拉列表中选择前面保存的选区，最后单击"确定"按钮；或者按住"Ctrl"键单击"通道"调板中储存选区的通道；或者选择储存选区的通道，然后单击调板底部的"将通道作为选区载入"按钮 。

53

三、对选区进行描边

创建选区后，选择"编辑"→"描边"菜单项，打开"描边"对话框，在其中设置描边的宽度、颜色、位置等，然后单击"确定"按钮，即可按指定的宽度、颜色、位置等描边，如图2-62所示。

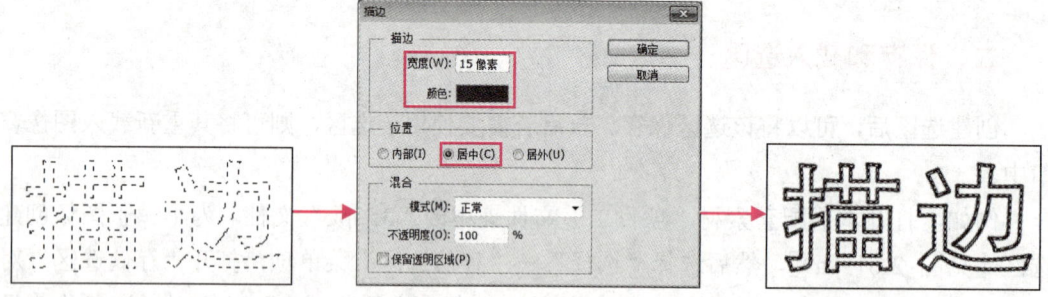

图2-62 按指定的宽度、颜色、位置等描边

> **小贴士**
>
> "描边"对话框中的"内部"单选钮表示描边区域在选区以内，"居中"单选钮表示描边区域在选区边界线两侧，"居外"单选钮表示描边区域在选区以外。

四、对选区进行填充

填充选区是指在选区内部填充颜色或图案。常用的填充选区的方法有以下几种：

（1）设置好前景色后，按"Alt+Delete"快捷键，可用前景色快速填充选区。

（2）设置好背景色后，按"Ctrl+Delete"快捷键，可用背景色快速填充选区。

（3）选择"编辑"→"填充"菜单项，打开"填充"对话框，在其中的"使用"列表框中选择要填充的内容（如前景色、背景色、图案等）。若选择使用图案填充，还需要在"自定图案"列表框中选择要填充的图案。此外，还可以设置填充模式、填充的颜色或图案的不透明度等，最后单击"确定"按钮，即可填充选区，如图2-63所示。

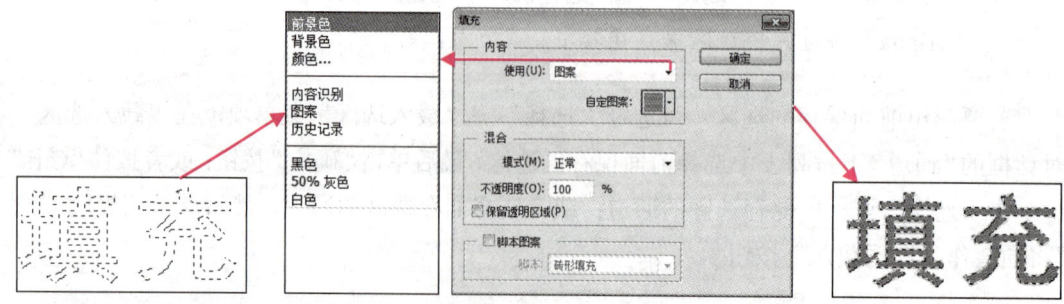

图2-63 使用"填充"菜单项填充选区

项目二　创建和处理选区

小贴士

若在"使用"下拉列表中选择"内容识别"选项,可对选区内的图像进行修复,如去除污点、杂物等。图2-64为使用"内容识别"选项清除图像中斑马的操作。

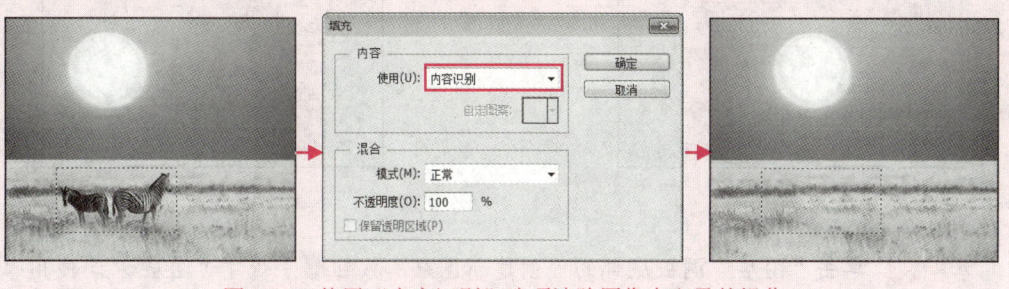

图2-64　使用"内容识别"选项清除图像中斑马的操作

任务实施——绘制卡通小熊

步骤1　打开本书配套素材"项目二"文件夹中的"36.jpg"文件,然后单击"图层"调板底部的"创建新图层"按钮,新建"图层1"。

步骤2　将前景色设为棕黄色(#ac5722)、背景色设为黄色(#f5c121)。选择"椭圆选框工具" ,在"羽化"编辑框中输入"0"并按"Enter"键,然后在图像窗口中创建一个椭圆形选区(见图2-65)。

步骤3　选择"选择"→"变换选区"菜单项,选区四周出现变形框,将光标移至变形框外右下方任意位置,待光标变为↻时,按住左键并拖动鼠标,以旋转选区,最后按"Enter"键,得到如图2-66所示的效果。

绘制卡通小熊

图2-65　创建椭圆形选区

图2-66　旋转选区

步骤4　按"Ctrl+Delete"快捷键,用背景色填充选区。选择"编辑"→"描边"菜单项,打开"描边"对话框,然后参照图2-67设置各参数,最后单击"确定"按钮,关闭该对话框。按"Ctrl+D"快捷键,取消选区,效果如图2-68所示。

55

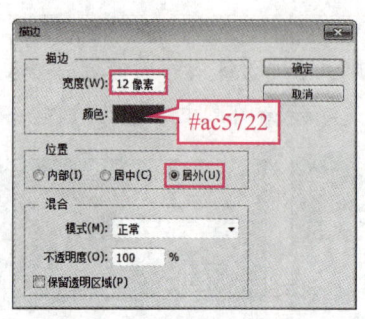
图2-67 "描边"对话框

图2-68 描边效果

步骤 5 单击"图层"调板底部的"创建新图层"按钮，新建"图层2"。使用"椭圆选框工具"在图像窗口中创建一个椭圆形选区，然后按"Ctrl+Delete"快捷键，用背景色填充选区，接着参照步骤4的操作方法，对选区进行描边，并使选区处于选中状态，如图2-69所示。

步骤 6 选择"选择"→"修改"→"收缩"菜单项，打开"收缩选区"对话框，在"收缩量"编辑框中输入适合的参数，如输入"80"，最后单击"确定"按钮，收缩选区，效果如图2-70所示。

图2-69 绘制耳朵

图2-70 收缩选区

步骤 7 将背景色设为白色，按"Ctrl+Delete"快捷键为选区填充背景色，然后为选区添加12像素宽的棕黄色（#ac5722）描边，最后按"Ctrl+D"快捷键，取消选区，效果如图2-71所示。

步骤 8 将"图层2"拖至"图层"调板底部的"创建新图层"按钮上，然后释放左键，即可得到"图层2拷贝"图层，如图2-72所示。

步骤 9 按住"Ctrl"键并选择"图层"调板中的"图层2"和"图层2拷贝"图层，然后将它们拖至"图层1"的下方，效果如图2-73所示。

步骤 10 选中"图层2拷贝"图层，然后使用"移动工具"将该图层中的图形移至合适位置，作为小熊的另一只耳朵，效果如图2-74所示。

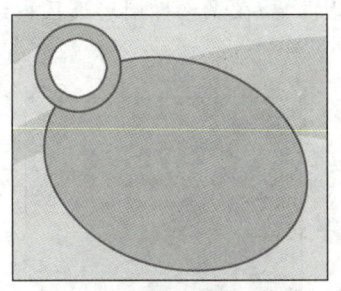 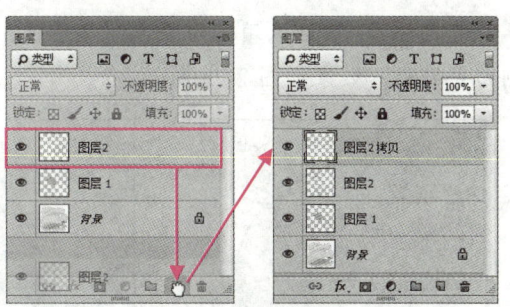

图 2-71 填充选区并描边　　　　　　图 2-72 复制图层

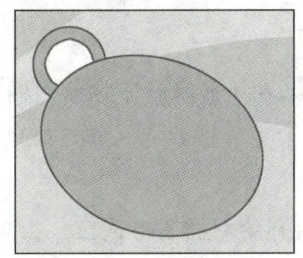 

图 2-73 调整图层顺序的效果　　　　图 2-74 移动图形

步骤 11 选择"图层 1",将其设为当前图层,然后单击"创建新图层"按钮 ,创建"图层 3"。

步骤 12 使用"椭圆选框工具" 在小熊的脸部创建一个椭圆形选区,参照步骤 3 将该选区旋转一定角度,然后将其填充为黑色,效果如图 2-75 所示。按"Ctrl+D"快捷键,取消选区。

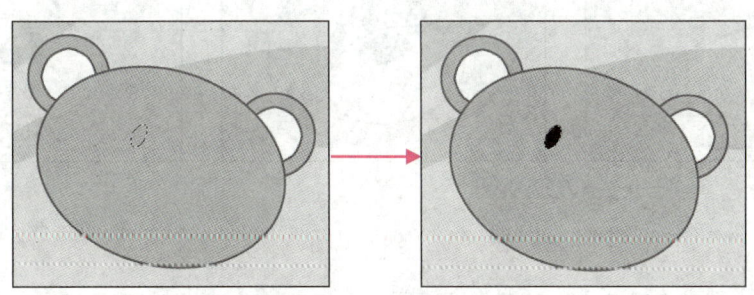

图 2-75 创建、旋转并填充选区

步骤 13 使用"椭圆选框工具" 在小熊的眼睛上绘制一个椭圆形选区,并为其填充白色,效果如图 2-76 所示。

步骤 14 选择"选择"→"载入选区"菜单项,打开"载入选区"对话框,确保当前通道为"图层 3 透明",单击"确定"按钮,将该图层中的图像载入选区。

步骤 15 选择"选择"→"变换选区"菜单项,然后将该选区向右移至合适的位置,再将该选区稍微旋转并按"Enter"键确认,效果如图 2-77 所示。

步骤 16 将选区填充为黑色,然后使用"椭圆选框工具" 在黑色椭圆形选区内绘制白色椭圆,效果如图 2-78 所示。

图 2-76　绘制小熊的一只眼睛　　图 2-77　移动并旋转选区　　图 2-78　绘制小熊的另一只眼睛

步骤 17 创建"图层 4",使用"椭圆选框工具" 在小熊眼睛下方绘制椭圆形选区,然后对其进行旋转,接着为其填充白色,并添加 12 像素宽的棕黄色(#ac5722)描边,效果如图 2-79(a)所示。

步骤 18 使用"椭圆选框工具" 在白色椭圆内部绘制椭圆形选区,然后对其进行旋转,接着为其填充深红色(#610f13),并添加 12 像素宽的黑色描边,效果如图 2-79(b)所示。

步骤 19 使用"椭圆选框工具" 在深红色椭圆内部绘制椭圆形选区,然后为其填充白色,效果如图 2-79(c)所示。

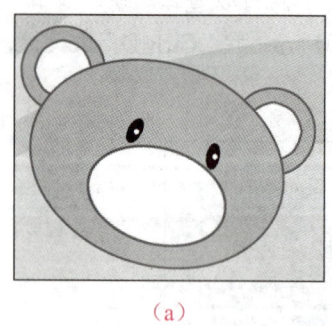  

　　　　(a)　　　　　　　　　　　(b)　　　　　　　　　　　(c)

图 2-79　绘制小熊的鼻子

步骤 20 新建"图层 5",使用"椭圆选框工具" 在鼻子的下方创建椭圆形选区[见图 2-80(a)],然后按住"Alt"键并创建一个椭圆形选区,释放左键后,即可得到两者相减后的选区,如图 2-80(b)所示。

步骤 21 旋转图 2-80(b)中的选区,为其填充棕黄色(#ac5722),效果如图 2-80(c)所示。取消选区后,使用"套索工具" 将图像的多余区域选中并按"Delete"键。

 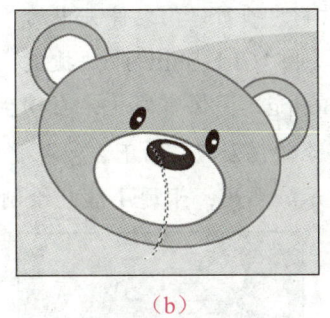 

　　　　（a）　　　　　　　　　　（b）　　　　　　　　　　（c）

图 2-80　绘制小熊的嘴巴（1）

步骤 22　参照步骤 20、步骤 21 和图 2-81，继续绘制小熊的嘴巴。

步骤 23　创建"图层 6"，使用"钢笔工具" 绘制如图 2-82 所示的路径，然后按 "Ctrl+Enter" 快捷键，将路径转换为选区，接着为该选区填充黄色（#f5c121），最后添加 12 像素宽的棕黄色（#ac5722）描边，效果如图 2-83 所示。

图 2-81　绘制小熊的嘴巴（2）　　图 2-82　绘制路径　　图 2-83　填充选区并描边

步骤 24　将"图层 6"移至"图层 1"的下方，得到如图 2-84 所示的效果。创建"图层 7"，参照步骤 23 的操作方法绘制小熊的另一条胳膊，效果如图 2-85 所示。

步骤 25　参照步骤 5～步骤 7 中绘制小熊耳朵的方法，绘制小熊的脚，效果如图 2-86 所示。

图 2-84　调整图层顺序的效果　　图 2-85　绘制小熊的另一条胳膊　　图 2-86　绘制小熊的脚

步骤 26 打开本书配套素材"项目二"文件夹中的"37.jpg"文件,使用"魔棒工具"选中图像窗口中的白色背景,按"Ctrl+Shift+I"快捷键,以反选选区(即选中心形图像),然后将选区内的图像复制到"36.jpg"图像窗口中,自动生成"图层9"。

步骤 27 将"图层9"移至"图层7"的下方,并将"图层9"中的图像放置在小熊胳膊的下方,效果如图2-87所示。至此,卡通小熊就绘制完成了。

图 2-87 将心形图像放置在合适位置

课堂实训——绘制卡通猪

使用本任务所学的知识制作如图2-88所示的卡通猪。本实训的最终效果见本书配套素材"项目二"文件夹中的"卡通猪.psd"。

图 2-88 卡通猪

提示:

打开本书配套素材"项目二"文件夹中的"38.jpg"文件。使用"椭圆选框工具"和"描边"菜单项绘制小猪的脸,使用"钢笔工具"和"收缩"菜单项绘制小猪的耳朵,使用"椭圆选框工具"、"钢笔工具"和"旋转"菜单项绘制小猪的眼睛,使用"椭圆选框工具"和"钢笔工具"绘制小猪的鼻子,使用"椭圆选框工具"、"Alt"

项目二　创建和处理选区

键和"钢笔工具" 绘制小猪的嘴巴，最后使用"多边形套索工具" 和"描边"菜单项绘制小猪的腿和脚。

知识拓展——使用自定义图案填充选区

在 Photoshop 中，既可以使用软件自带的图案填充选区，也可以使用自定义的图案填充选区。使用自定义的图案填充选区的步骤如下：

（1）自定义图案。打开本书配套素材"项目二"文件夹中的"39.jpg"文件，选择"编辑"→"定义图案"菜单项，在打开的"图案名称"对话框中输入"小蜜蜂"作为图案的名称（见图 2-89），然后单击"确定"按钮，关闭对话框，将整幅图定义为图案。若要将图形中的某部分定义为图案，则可在打开文件后，使用"矩形选框工具" 选中需要定义为图案的区域，再选择"定义图案"菜单项。

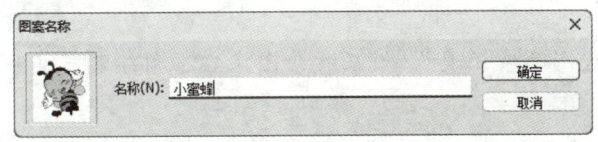

图 2-89　输入"小蜜蜂"

（2）填充选区。打开要填充选区的文件并选择选区，然后选择"编辑"→"填充"菜单项，打开"填充"对话框，选择自定义的"小蜜蜂"图案（见图 2-90），最后单击"确定"按钮即可。

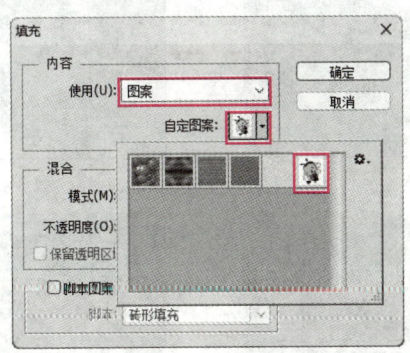

图 2-90　选择自定义的"小蜜蜂"图案

 项目自测

使用本项目所学的知识制作如图 2-91 所示的手表广告。案例的最终效果见本书配套素材"项目二"文件夹中的"手表广告.psd"。

61

图 2-91　手表广告

提示：

（1）打开本书配套素材"项目二"文件夹中的"40.jpg""41.jpg"和"42.jpg"文件，使用"钢笔工具"、"以快速蒙版模式编辑"按钮抠取手表和人物图像，然后将其复制到背景图像中。

（2）使用"多边形套索工具"在背景图像右上角绘制三角形，并为其填充黄色（#ffd800）。

（3）打开本书配套素材"43.psd"文件，将其复制到背景图像中并放置在合适的位置。图 2-92 为手表广告的制作步骤。

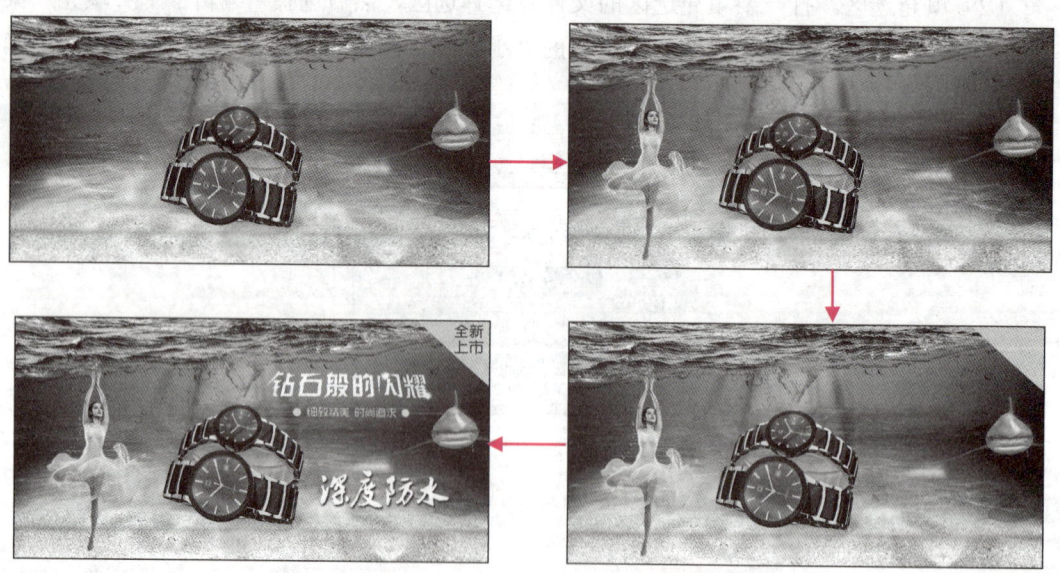

图 2-92　手表广告的制作步骤

项目三

编辑图像

在平面设计过程中，经常需要对图像进行编辑。编辑图像包括调整图像的大小、角度、透视效果，对图像进行移动、复制、删除、合并拷贝，以及缩放、旋转、斜切、扭曲等变换。其中，绝大部分编辑命令仅对当前选区（或当前图层）中的图像有效。本项目将介绍编辑图像的相关知识。

素质目标

▶ 编辑图像的方法多种多样，只有善于思考，勤于练习，才能不断提高设计水平，进而提高个人的职业竞争力。

▶ 主动参与课堂活动，积极分享学习心得与见解，努力成为具有独立思考能力和持续追求进步的优秀学者。

知识目标

▶ 掌握调整图像大小、旋转图像、翻转画布和调整图像透视效果的方法。

▶ 掌握移动、复制、删除图像的方法。

▶ 掌握缩放、旋转、斜切、扭曲图像的方法，以及调整图像透视效果和形状的方法。

▶ 熟悉标尺、参考线和网格等辅助工具的使用方法。

能力目标

▶ 能够通过调整图像、翻转画布并移动、复制、删除图像，制作风景图、公告栏、广告、创意相框等。

▶ 能够使用辅助工具并通过变换图像，制作图书封面、立体包装盒等。

任务一　制作乡村风景图——调整图像和翻转画布

任务说明

在编辑图像的过程中，经常需要调整图像和画布的大小、旋转和翻转画布、调整图像的透视效果。下面通过制作如图 3-1 所示的乡村风景图，学习调整图像和画布的相关知识。

素材：素材与实例\项目三\3.jpg 和 4.psd～6.psd
效果：素材与实例\项目三\乡村风景图.psd

图 3-1　乡村风景图

相关知识

一、调整图像和画布的大小

（一）使用"图像大小"命令调整图像的大小

选择"图像"→"图像大小"菜单项，打开"图像大小"对话框（见图 3-2），在其中设置图像的宽度、高度尺寸和分辨率并单击"确定"按钮，即可调整图像的大小。

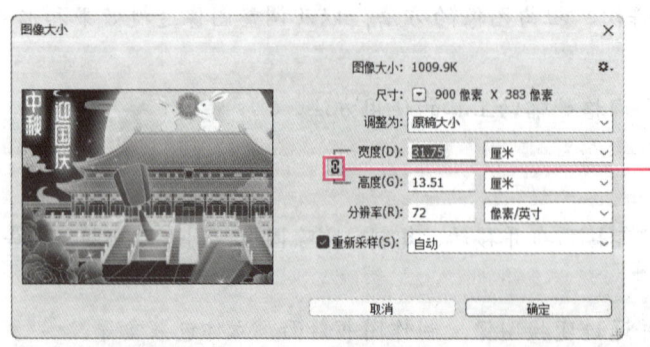

图 3-2　"图像大小"对话框

"图像大小"对话框中常用列表框、编辑框等的功能如下：

（1）"调整为"列表框：可选择软件预设或读者自定义的图像的尺寸和分辨率。

（2）"宽度""高度""分辨率"编辑框：用于设置图像的宽度、高度和分辨率。

（3）"重新采样"列表框：用于控制在调整图像分辨率时，重新计算像素的方式。对于需要保留清晰边缘的图形，建议选择"邻近（硬边缘）"选项；对于品质要求不高的图像，建议选择"自动"或"两次线性"选项；对于品质要求较低的图像，则可选择其余选项。

（二）使用"画布大小"命令调整画布的大小

打开要调整画布大小的文件，选择"图像"→"画布大小"菜单项，打开"画布大小"对话框（见图3-3），在其中设置画布的宽度、高度等参数，最后单击"确定"按钮，即可调整画布的大小。

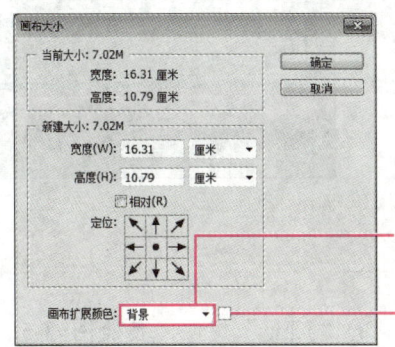

可选择新增画布的填充颜色，如前景色、背景色、白色、黑色等

用于修改新增画布的颜色

图 3-3 "画布大小"对话框

> **小贴士**
>
> 图像尺寸和画布尺寸是两个概念。在默认情况下，这两个尺寸相等。在调整图像的尺寸时，图像会被相应地放大或缩小；改变画布的尺寸时，图像本身不会被缩放。
>
> 如果设置的画布尺寸小于"当前大小"设置区中显示的尺寸，在单击"确定"按钮后，软件会打开"Adobe Photoshop CC"对话框。单击该对话框中的"继续"按钮，可在缩小画布尺寸的同时裁剪图像。

二、旋转图像和翻转画布

选择"图像"→"图像旋转"菜单中的菜单项，可旋转图像或翻转画布。图3-4为将图像按逆时针方向旋转30°后的效果。

此外，使用"裁剪工具" 也可以调整图像的旋转角度。例如，选择该工具后，将光标移到裁剪框的四周，当光标呈不同角度的 形状时按住左键并拖动鼠标，即可调整图像的角度，最后按"Enter"键确认。

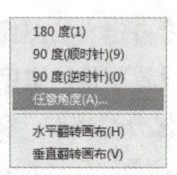

图 3-4　将图像按逆时针方向旋转 30°

值得注意的是，选择"裁剪工具" 后，单击工具属性栏中的"拉直"按钮 ，然后按住左键并拖动，在图像窗口中绘制一条直线，释放左键后，软件将以该直线为参照自动拉直图像（见图 3-5），最后按"Enter"键确认即可。

图 3-5　校正倾斜的图像

做一做

打开本书配套素材"项目三"文件夹中的"1.jpg"文件，参照图 3-5，使用"裁剪工具"旋转并拉直图像。

三、调整图像的透视效果

使用"透视裁剪工具" 可以修复图像中的透视畸变。选择该工具后，在图像窗口中按住左键不放并拖动鼠标，以选择裁剪区域，接着拖动裁剪框上的控制点，调整图像的透视效果（见图 3-6），最后单击工具属性栏中的"提交当前裁剪操作"按钮 ，或者按"Enter"键即可。

图 3-6　调整图像的透视效果

项目三 编辑图像

📅 探讨分享

打开本书配套素材"项目三"文件夹中的"2.jpg"文件,调整图像和画布的大小并调整图像的透视效果。调整结束后,教师选择几名学生,让其回答以下问题:

(1)"2.jpg"的宽度和高度分别为 1 920 像素和 1 080 像素,若要将其高度改为 1 280 像素,宽度尺寸保持不变,该怎样操作?

(2)将画布的尺寸变小时,图像是否会被缩小?

(3)调整图像透视效果的参照是什么?

✏️ 任务实施——制作乡村风景图

步骤 1 打开本书配套素材"项目三"文件夹中的"3.jpg""4.psd" "5.psd"和"6.psd"文件,将"3.jpg"图像窗口设为当前窗口。

步骤 2 选择"图像"→"图像旋转"→"水平翻转画布"菜单项,将画布水平翻转,效果如图3-7所示。

制作乡村风景图

图3-7 水平翻转画布

步骤 3 从图3-7中可以看出,门和门框倾斜。选择"透视裁剪工具" ,在图像窗口中按住左键不放并拖动鼠标,以选择裁剪区域,在释放左键后,图像窗口中出现一个裁剪框(裁剪框内的图像为要保留的图像),如图3-8(a)所示。

步骤 4 将光标移至裁剪框左上角的控制点上,待光标变成 时,按住"Shift"键并向右拖动该控制点至裁剪框内的线与门框大致平行,然后松开左键。采用同样的方法调整裁剪框右上角的控制点,效果如图3-8(b)所示。

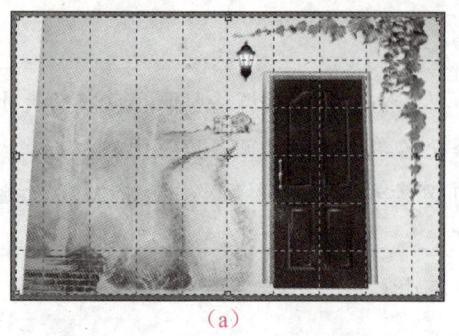 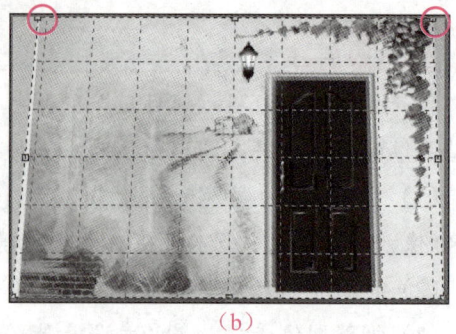

（a）　　　　　　　　　　　　　　（b）

图 3-8　调整图像的透视效果

> 🔔 **小技巧**
>
> 使用"透视裁剪工具"绘制裁剪框后，将光标移至裁剪框内，待光标变成▶时，按住左键不放并拖动鼠标，可移动裁剪框。

步骤 **5**　单击工具属性栏（见图 3-9）中的"提交当前裁剪操作"按钮☑，或者按"Enter"键，或在裁剪框内双击，效果如图 3-10 所示。

图 3-9　工具属性栏

> 📋 **小贴士**
>
> 在如图 3-9 所示的工具属性栏的"W""H"和"分辨率"编辑框中输入数值，可设置裁剪后图像的宽度、高度和分辨率；否则，裁剪后的图像大小和分辨率与原图像完全相同。若要清除这 3 个编辑框中的数值，可单击"清除"按钮。

步骤 **6**　从图 3-10 中可以看出，图像左侧留有白边。选择"裁剪工具"，按住左键并拖动鼠标，以选择裁剪区域，释放左键后，图像窗口将出现一个裁剪框，裁剪框外为即将被裁剪掉的图像，如图 3-11（a）所示。

步骤 **7**　拖动裁剪框四周的控制点，可以调整裁剪框的大小。若裁剪框的大小合适，则单击工具属性栏中的"提交当前裁剪操作"按钮☑，或者按"Enter"键，或者在裁剪框内双击，以确认裁剪操作，效果如图 3-11（b）所示。

图 3-10　图像的透视效果

（a） （b）

图3-11 对图像进行裁剪

步骤 8 将"4.psd"图像窗口设为当前窗口，使用"裁剪工具" 选择裁剪区域[见图3-12（a）]，然后将光标放置在裁剪框的外侧，当光标变为呈不同角度的形状时拖动鼠标，将自行车旋转到与画布垂直的角度，最后按"Enter"键，效果如图3-12（b）所示。

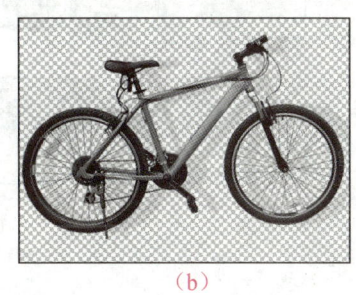

（a） （b）

图3-12 裁剪并旋转图像

步骤 9 将调整后的自行车图像复制到"3.jpg"图像窗口中，并使用"移动工具" 将其移动到如图3-13所示的位置。

步骤 10 将"5.psd"图像窗口设为当前窗口，然后将小草图像复制到"3.jpg"图像窗口中并移至合适的位置，效果如图3-14所示。

图3-13 复制并移动图像（1） 图3-14 复制并移动图像（2）

步骤 11 将"6.psd"图像窗口设为当前窗口，将挂牌图像复制到"3.jpg"图像窗口中并移至合适的位置，效果如图3-1所示。至此，乡村风景图就制作完成了。

课堂实训——制作公告栏

使用本任务所学的知识制作如图 3-15 所示的公告栏。本实训的最终效果见本书配套素材"项目三"文件夹中的"公告栏.psd"。

图 3-15　公告栏

提示：

打开本书配套素材"项目三"文件夹中的"4.jpg""5.jpg"和"7.psd"文件，将"4.jpg"图像窗口中的背景图像垂直翻转，然后使用"透视裁剪工具"　和"裁剪工具"　对其进行调整；调整"7.psd"图像窗口中小鸟图像的大小，并将该图像复制到"4.jpg"图像窗口中；将"5.jpg"图像窗口中的所有内容沿逆时针方向旋转 15°并裁剪多余的部分，然后将其复制到背景图像中。

任务二　制作护肤品广告——移动、复制和删除图像

任务说明

在 Photoshop 中，移动、复制和删除图像的方法有多种。下面通过制作如图 3-16 所示的护肤品广告，学习移动、复制和删除图像的方法。

项目三　编辑图像

素材：素材与实例\项目三\6.jpg 和 8.psd
效果：素材与实例\项目三\护肤品广告.psd

图 3-16　护肤品广告

相关知识

一、移动图像

使用"移动工具" 可将当前图层中的图像（或选区内的图像）移至同一图像窗口中的其他位置或其他图像窗口中。要移动图像，可选择"移动工具" ，确保工具属性栏中的"自动选择"复选框处于勾选状态，然后将光标移至要移动的图像上。此时，若按住左键并拖动鼠标，可沿任意方向移动图像；若依次按住左键和"Shift"键并拖动鼠标，可沿水平方向、竖直方向和 45°方向移动图像。当图像位于目标位置时，释放左键即可。

> **小贴士**
>
> 选择"移动工具" 后，若不勾选工具属性栏中的"自动选择"复选框，则在移动图像时，需要先选中该图像所在的图层。

此外，在不使用"移动工具" 的情况下，读者还可以采用以下方法移动图像：

（1）在工具箱中选择除"裁剪工具" 、"钢笔工具" 、"直接选择工具" 、"矩形工具" 、"抓手工具" 等工具外的其他工具，然后按住"Ctrl"键和左键并拖动鼠标，即可移动图像。

（2）选中要移动的图像所在的图层后，按住"Ctrl"键并按方向键"←""→""↑"或"↓"，该图像将向左、右、上或下每次移动 1 个像素；按住"Ctrl+Shift"键并按方向键"←""→""↑"或"↓"，该图像将向左、右、上或下每次移动 10 个像素。

二、复制图像

复制图像的方法主要有以下几种：

（1）制作好选区后，选择"编辑"→"拷贝"菜单项或按快捷键"Ctrl+C"，可将图像储存在剪贴板中，接着选择"编辑"→"粘贴"菜单项或按快捷键"Ctrl+V"，可将储存在剪贴板中的图像粘贴在图像窗口中。要使复制的图像与原图像位于同一位置，可按"Shift+Ctrl+V"快捷键将储存在剪贴板中的图像粘贴在图像窗口中。

> **小贴士**
>
> 使用"拷贝"命令只能将当前图层中的图像储存在剪贴板中。若要同时将多个图层中的图像储存在剪贴板中，则可使用"合并拷贝"命令。
>
> 使用"编辑"→"粘贴"菜单项和"编辑"→"选择性粘贴"菜单中的菜单项，将储存在剪贴板中的图像粘贴在同一图层中。"选择性粘贴"菜单中的3个菜单项的功能如下：
>
> （1）"原位粘贴"菜单项：使用该菜单项可将剪贴板中的图像按照图像的原位置粘贴到图像窗口中。
>
> （2）"贴入"菜单项：如果在图像窗口中创建了选区，则选择该菜单项，可将剪贴板中的图像粘贴到选区内，并将选区外的图像隐藏。
>
> （3）"外部粘贴"菜单项：如果在图像窗口中创建了选区，则选择该菜单项，可将剪贴板中的图像粘贴到选区外，并将选区内的图像隐藏。

（2）按"Ctrl+J"快捷键，可将当前图层中的图像或选区内的图像复制到新图层中，而且复制得到的图像与原图像完全重合。

（3）选中某个图层，然后选择"移动工具" ，按住"Alt"键并拖动鼠标，可将当前图层中的图像复制到新图层中；制作好选区后选择"移动工具" ，按住"Alt"键并拖动鼠标，可复制选区内的图像，且复制得到的图像位于原图层中。

三、删除图像

在编辑图像时，可删除选区内的图像或图层中的图像。如果要删除选区内的图像，可在制作好选区后选择"编辑"→"清除"菜单项，或者按"Delete"键。如果要删除的图像在背景图层中，则在删除该图像后，软件将以背景色填充该图像所在的区域；如果要删除的图像不在背景图层中，则在删除该图像后，该图像所在的区域将变透明。

如果要删除某个图层中的全部图像，可将该图层拖拽到"图层"调板底部的"删除图层"按钮 上，然后释放左键。

任务实施——制作护肤品广告

步骤 1 打开本书配套素材"项目三"文件夹中的"6.jpg"和"8.psd"文件，然后将"8.psd"图像窗口设为当前窗口，从打开的"图层"调板中可以看出，该图像由若干个图层组成。

制作护肤品广告

项目三 编辑图像

步骤 2 选择"移动工具"，不勾选工具属性栏中的"自动选择"复选框，然后选择"图层"调板中的"冰块 1"图层，在图像窗口中按住左键并拖动鼠标，将冰块图像移至合适位置后松开左键，如图3-17所示。

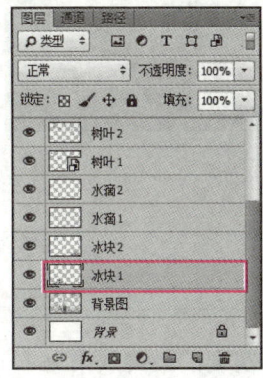 

图3-17 移动图像

步骤 3 选择"冰块 2"图层，然后选择"移动工具"，按住"Alt"键，当光标变成时拖动鼠标，将冰块图像移至合适位置后松开左键，如图3-18所示。

步骤 4 将要删除的"树叶 2"图层拖拽到"图层"调板底部的"删除图层"按钮上，然后释放左键，效果如图3-19所示。

图3-18 复制图像　　　　　　　　　图3-19 删除图像

步骤 5 按"Ctrl+A"快捷键，选中所有图像，然后选择"编辑"→"合并拷贝"菜单项，或者按"Shift+Ctrl+C"快捷键，将选区内所有图层中的图像复制到剪贴板中。

步骤 6 将"6.jpg"图像窗口设为当前窗口，使用"魔棒工具"在图像窗口中单击，以创建如图3-20所示的选区。

步骤 7 选择"编辑"→"选择性粘贴"→"贴入"菜单项，或者按"Alt+Shift+Ctrl+V"快捷键，将剪贴板中的图像粘贴到当前选区中，按"Ctrl+T"快捷键，调整图像的大小和位置，效果如图3-21所示。从"图层"调板中可看到"8.psd"图像选区内的若干个图层中的内容均合并为一个图层，即"图层1"。至此，护肤品广告就制作完成了。

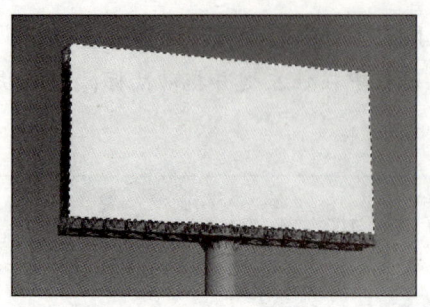

图 3-20 创建选区

图 3-21 将被复制的图像贴入选区内

课堂实训——制作创意相框

使用本任务所学的知识制作如图 3-22 所示的创意相框。本实训的最终效果见本书配套素材"项目三"文件夹中的"创意相框.psd"。

图 3-22 创意相框

提示：

打开本书配套素材"项目三"文件夹中的"7.jpg"和"8.jpg"文件。选中"8.jpg"文件左下角不需要的图像，将其删除；再选中熊猫图像，将其移至右上角；最后将"8.jpg"文件中的所有图像复制到"7.jpg"图像窗口中，并移至合适的位置。选中"7.jpg"文件中相框的空白部分，为人物图像所在图层添加蒙版。

项目三 编辑图像

任务三 制作图书封面——使用辅助工具并变换图像

任务说明

在编辑图像的过程中，经常需要对图像进行缩放、旋转、斜切、扭曲等变换。此外，使用标尺、参考线、网格等辅助工具，还可以更精确地设置图像的位置和尺寸。下面通过制作如图 3-23 所示的图书封面，学习各种辅助工具的使用方法和变换图像的方法。

素材：素材与实例\项目三\9.jpg～13.jpg 和 10.psd～13.psd
效果：素材与实例\项目三\图书封面.psd

图 3-23 图书封面

相关知识

一、常用辅助工具

（一）标尺和参考线

选择"视图"→"标尺"菜单项，或者按"Ctrl+R"快捷键，可在图像窗口的左侧和顶部显示或隐藏标尺；将光标放置在水平或垂直标尺上，按住左键并向图像窗口内拖动鼠标，在释放左键后，即可创建一条参考线，如图 3-24 所示。

（二）使用网格

在处理图像时，借助网格线可以精确地定位对象。选择"视图"→"显示"→"网格"菜单项，可在图像窗口中显示或隐藏网格，如图 3-25 所示。

75

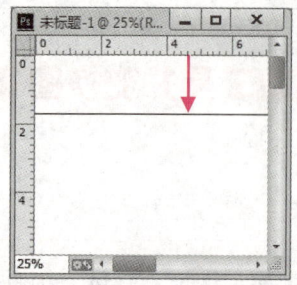 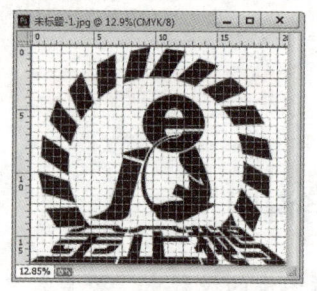

图 3-24　显示标尺并创建参考线　　　　　图 3-25　显示网格

> **小贴士**
>
> 　　选择"视图"→"对齐到"菜单下的菜单项，可指定在移动对象时是否将对象与网格、参考线、文档边界等对齐。选择"编辑"→"首选项"→"参考线、网格和切片"菜单项，可在打开的"首选项"对话框中设置参考线和网格的颜色。值得注意的是，参考线和网格在打印图像时均不显示。

二、变换图像

　　选中图像，然后选择"编辑"→"自由变换"菜单项，或者按"Ctrl+T"快捷键，进入自由变换模式。此时，图像周围显示变换框，变换框上包含 8 个变换控制点（见图 3-26），拖动变换控制点可对图像进行缩放、旋转、斜切、扭曲操作，并且使用"透视"和"变形"菜单项，还可以调整图像的透视效果和形状。

　　（1）缩放图像。将光标移到变换控制点上，当光标变成 ↕、↔、↗ 或 ↘ 时，按住左键并拖动鼠标，可自由缩放图像。当光标变成 ↗ 或 ↘ 时，按住"Shift"键和左键并拖动鼠标，可等比例缩放图像。

　　（2）旋转图像。将光标移到变换框外，当光标变成呈不同角度的 ↻ 形状时，按住左键并拖动鼠标，可自由旋转图像。若按住"Shift"键旋转图像，则图像的旋转角度为 15°的整数倍。

　　（3）斜切图像。进入自由变换模式后，在图像窗口中右击，在弹出的快捷菜单中选择"斜切"菜单项，然后将光标移至任一方向上中间处的变换控制点处，当光标变成 ↔ 或 ↕ 时按住左键并拖动鼠标，效果如图 3-27 所示。

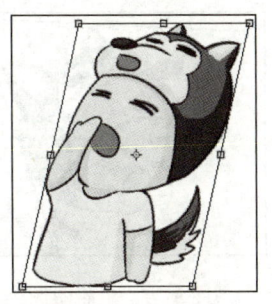

图 3-26　变换框和变换控制点　　　　图 3-27　斜切图像

> **小贴士**
>
> 　　选择"自由变换"菜单项后,在工具属性栏中可以精确地设置图像的位置、缩放比例、旋转角度、斜切角度等,如图 3-28 所示。需要注意的是,选中"保持长宽比"按钮后缩放图像,与按住"Shift"键缩放图像的效果完全相同。
>
>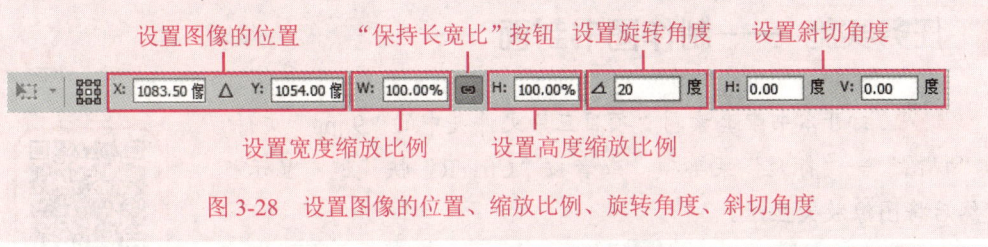
>
> 图 3-28　设置图像的位置、缩放比例、旋转角度、斜切角度

　　(4)扭曲图像。进入自由变换模式后,在图像窗口中右击,在弹出的快捷菜单中选择"扭曲"菜单项,然后将光标移至变换框 4 个角点的任一变换控制点上,当光标变成 ▷ 时按住左键并拖动鼠标,效果如图 3-29 所示。

> **小技巧**
>
> 　　除了使用快捷菜单中的菜单项斜切和扭曲图像外,进入自由变换模式后,按住"Ctrl"键并拖动变换控制点或变换框的角点,也可以对图像进行斜切和扭曲变换。

　　(5)调整图像的透视效果。进入自由变换模式后,在图像窗口中右击,在弹出的快捷菜单中选择"透视"菜单项,然后将光标移到变换框 4 个角点的任一变换控制点上,当光标变成 ▷ 时按住左键并拖动鼠标。

　　(6)调整图像的形状。在自由变换模式中,单击工具属性栏中的"在自由变换和变形模式之间切换"按钮,或者在图像窗口中右击,在弹出的快捷菜单中选择"变形"菜单项,进入变形模式。在变形模式下拖动图像、变换控制点或手柄,可改变图像的形状,如图 3-30 所示。此外,在工具属性栏的"变形"下拉列表中还可以选择变形样式。

   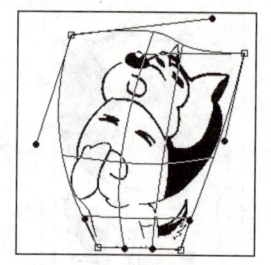

图 3-29　扭曲图像　　　　　　　图 3-30　图像的变形效果

> **做一做**
>
> 打开本书配套素材"项目三"文件夹中的"10.psd"文件，使用"变形"命令和工具属性栏中软件预设的形状设置图像的变形效果。

任务实施——制作图书封面

步骤 1　打开本书配套素材"项目三"文件夹中的"9.jpg"文件，选择"视图"→"标尺"菜单项，或者按"Ctrl+R"快捷键，显示标尺，然后将图像放大显示。

步骤 2　选择"抓手工具" ，将光标移至图像窗口中，按住左键不放并向下拖动，将图像向下平移，显示图像的上边缘，再将图像向右平移，显示图像的左边缘，效果如图 3-31 所示。

制作图书封面

步骤 3　将光标移至水平标尺上，按住左键并向下拖动鼠标，待参考线距图像上边缘 3 mm 时释放左键，即可创建一条水平参考线。使用同样的方法，在图像左边缘 3 mm 处创建一条垂直参考线，效果如图 3-32 所示。

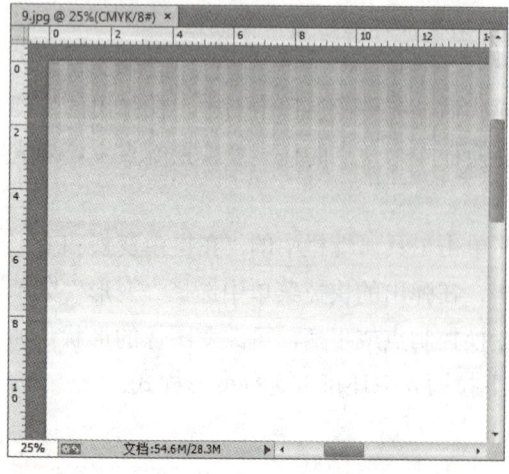   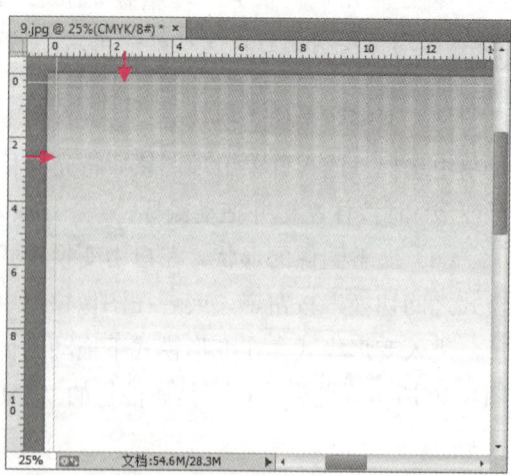

图 3-31　平移图像　　　　　　　图 3-32　创建参考线（1）

> **小贴士**
>
> 若拖出的参考线位置不符合要求,可选择"选择工具" ,然后将光标移至参考线上,按住左键并拖动鼠标,以移动参考线。

步骤 4 选择"抓手工具" ,将图像向左、向上平移,显示图像的右边缘和下边缘,然后将光标移至水平标尺与垂直标尺相交处,按住左键不放并拖动鼠标,待光标位于图像右下角合适位置时释放左键,以改变标尺原点位置,如图 3-33 所示。

步骤 5 参照步骤 3,采用拖动方式创建一条水平参考线和一条垂直参考线。这两条参考线分别距图像下边缘和右边缘 3 mm,效果如图 3-34 所示。

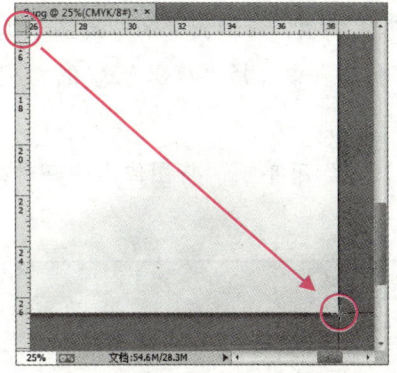 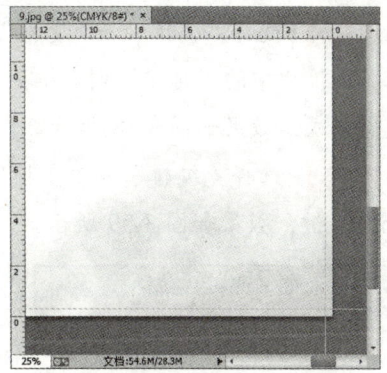

图 3-33　改变标尺原点位置　　　　　　图 3-34　创建参考线(2)

步骤 6 在水平标尺与垂直标尺相交处双击,使标尺原点恢复至默认位置。选择"缩放工具" ,然后单击工具属性栏中的"适合屏幕"按钮,将图像以合适的比例完整地显示在图像窗口中。

步骤 7 选择"视图"→"新建参考线"菜单项,打开"新建参考线"对话框。选中其中的"垂直"单选钮,在"位置"编辑框中输入"18.8"(见图 3-35),单击"确定"按钮,可在距标尺原点 18.8 cm 处创建一条垂直参考线。采用同样的方法,在距标尺原点 19.8 cm 处创建一条垂直参考线。此时,该图书封面的结构如图 3-36 所示。

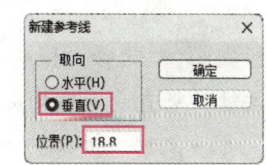

图 3-35　"新建参考线"对话框

步骤 8 按"Ctrl+R"快捷键隐藏标尺,然后选择"视图"→"锁定参考线"菜单项,或者按"Alt+Ctrl+;"快捷键,锁定参考线。

步骤 9 单击"图层"调板底部的"创建新图层"按钮 ,新建"图层 1"。设置前景色为洋红色(#e73178),选择"矩形选框工具" ,然后在图像窗口的下方按住左键并拖动鼠标,绘制如图 3-37 所示的矩形选区。按"Alt+Delete"快捷键,用前景色填充该选区。按"Ctrl+D"快捷键,取消选区。

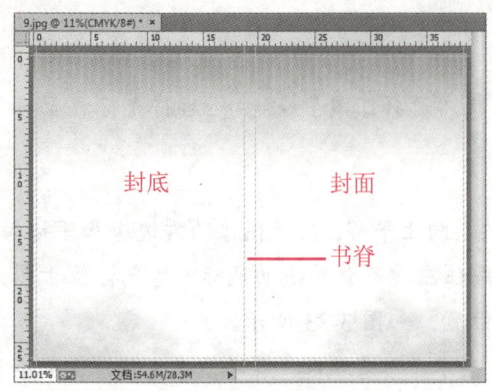
图 3-36　创建参考线（3）

图 3-37　创建选区

步骤 10 选择"编辑"→"变换"→"变形"菜单项，矩形图像的四周显示变换框。单击工具属性栏中的"自定"列表框，在弹出的下拉列表中选择"旗帜"选项，应用"旗帜"变形样式，效果如图 3-38 所示。

步骤 11 选择"编辑"→"变换"→"水平翻转"菜单项，将图像水平翻转，最后按"Enter"键，效果如图 3-39 所示。

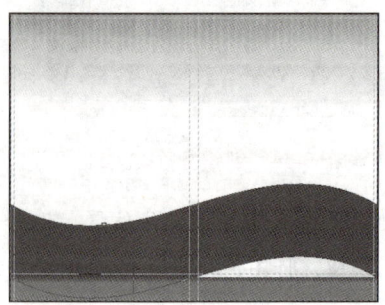
图 3-38　变形效果

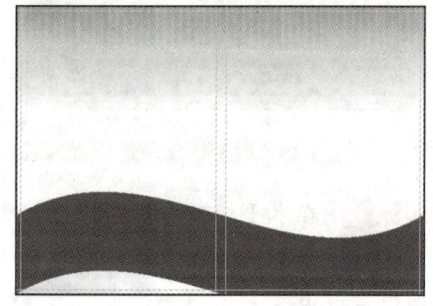
图 3-39　水平翻转图像

步骤 12 选择"移动工具"，按住"Alt"键并将光标移至变形后的图像上，然后按住左键并竖直向上拖动鼠标，将该图像复制一份。此时，软件自动生成了"图层 1 拷贝"图层。在"图层"调板的"不透明度"编辑框中输入"50"，最后根据需要，使用"移动工具"调整各图层中图像的位置，效果如图 3-40 所示。

步骤 13 新建"图层 2"，选择"椭圆选框工具"，按住"Shift"键并将光标移至封面的合适位置，然后按住左键并拖动鼠标，创建圆形选区，如图 3-41（a）所示。为该圆形选区填充浅黄色（#fffac2），并为其添加 5 像素宽的橘黄色（#f29303）描边，效果如图 3-41（b）所示。

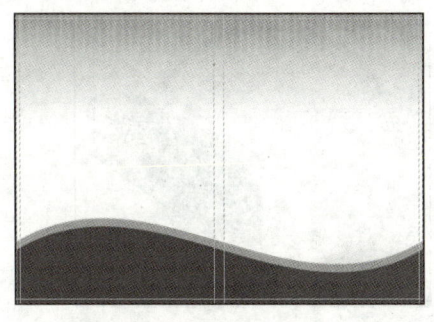
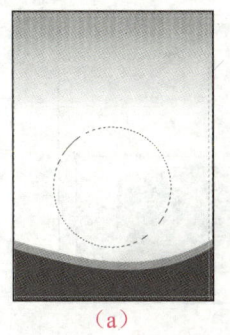
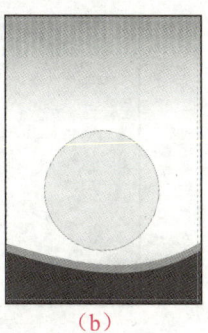

图 3-40　复制图像并调整图像的不透明度　　　图 3-41　创建选区并对其填充和添加描边

步骤 14　新建"图层 3",复制"图层 2"中的选区,选择"选择"→"修改"→"扩展"菜单项,在打开的"扩展选区"对话框中将扩展量设为 20 像素,然后单击"确定"按钮,效果如图 3-42 所示。

步骤 15　选择"编辑"→"描边"菜单项,在打开的"描边"对话框的"宽度"编辑框中输入"40",单击颜色色块,将描边颜色设为橘黄色(#f29303),选中"居外"单选钮并单击"确定"按钮,最后取消选区,效果如图 3-43 所示。

步骤 16　选择"多边形套索工具" ,在图像窗口中创建如图 3-44 所示的选区,然后按"Delete"键,删除选区内的图像。

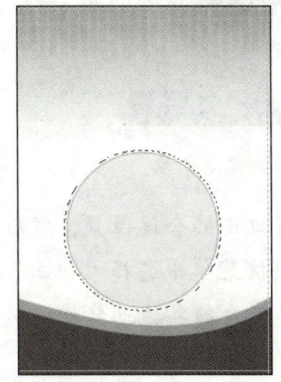
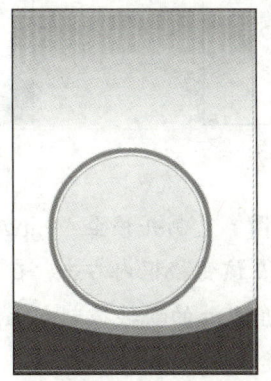
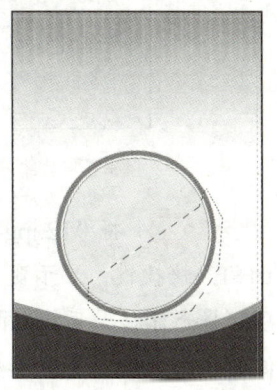

图 3-42　创建选区　　　　图 3-43　对选区进行描边　　　　图 3-44　创建选区

步骤 17　打开本书配套素材"项目三"文件夹中的"10.jpg"~"12.jpg"文件,将"10.jpg"中的图像复制并移至"9.jpg"图像窗口中的合适位置(见图 3-45)。此时,软件自动生成"图层 4"。

步骤 18　选择"编辑"→"变换"→"斜切"菜单项,图像的周围出现变换框。将光标移至变换框最右侧中间的变换控制点上,然后按住左键不放并向上拖动鼠标,待图像呈现如图 3-46 所示的斜切效果时松开左键。

 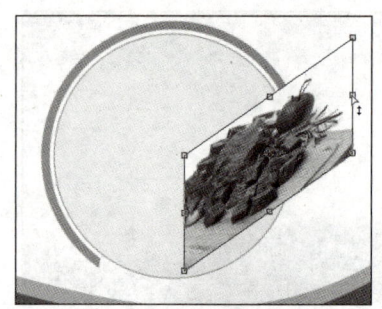

图 3-45　图像的位置　　　　　　　图 3-46　图像的斜切效果

步骤 19　在变换框内右击,在弹出的快捷菜单中选择"缩放"菜单项,然后将光标移至变换框最右侧中间的变换控制点上,按住左键不放并向左拖动鼠标,缩小图像的宽度(见图 3-47),最后按"Enter"键确认。

步骤 20　将"11.jpg"中的图像复制并移至"9.jpg"图像窗口中的合适位置,然后参照步骤 18 和步骤 19,对复制的图像进行斜切和缩放,效果如图 3-48 所示。

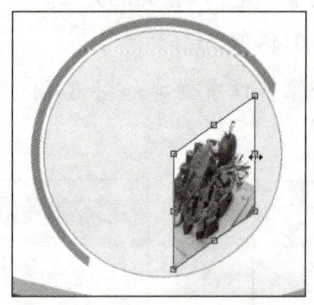 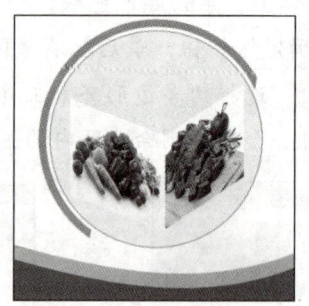

图 3-47　缩小图像的宽度　　　　　　图 3-48　变换蔬菜图像

步骤 21　将"12.jpg"中的图像复制并移至"9.jpg"图像窗口中的合适位置,然后按"Ctrl+T"快捷键,显示变换框,在该变换框内右击,在弹出的快捷菜单中选择"扭曲"菜单项。将光标移至变换框的 4 个角点处的变换控制点上,然后按住左键并拖动鼠标,调整图像的扭曲效果(见图 3-49),最后按"Enter"键。

步骤 22　打开本书配套素材"项目三"文件夹中的"11.psd"文件,将其中的图像复制到"9.jpg"图像窗口中。按"Ctrl+T"快捷键,显示变换框,然后将光标移至该变换框外的任意位置,待光标变成↻时,按住左键并拖动鼠标,以旋转图像,如图 3-50（a）所示。按住左键将复制的图像移至合适位置,然后根据需要旋转该图像,最后按"Enter"键确认操作,效果如图 3-50（b）所示。

步骤 23　打开本书配套素材"项目三"文件夹中的"12.psd"~"14.psd"文件,将其中的图像依次复制到"9.jpg"图像窗口中,并参照图 3-23,将它们放置在合适的位置。至此,图书封面就制作完成了。

项目三　编辑图像

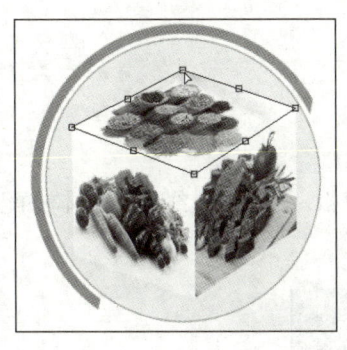 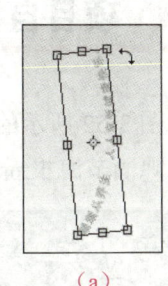 

（a）　　　　　　　　　　（b）

图 3-49　图像的扭曲效果　　　　　　图 3-50　旋转图像

课堂实训——制作立体包装盒

使用本任务所学的知识制作如图 3-51 所示的立体包装盒。本实训的最终效果见本书配套素材"项目三"文件夹中的"立体包装盒.psd"。

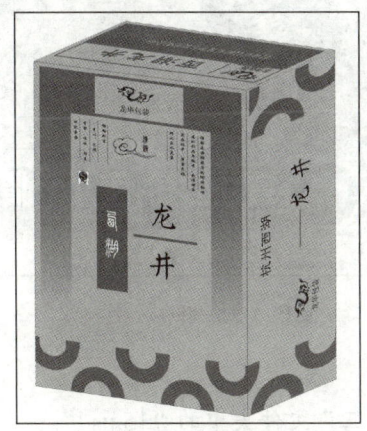

图 3-51　立体包装盒

提示：

打开本书配套素材"项目三"文件夹中的"13.jpg"文件，使用"矩形选框工具" 依次选取"13.jpg"图像窗口中包装盒的正面、侧面和顶面图像，然后使用"斜切"和"缩放"命令调整包装盒正面和侧面图像，最后使用"扭曲"命令调整顶面图像。

83

项目自测

使用本项目所学的知识制作如图 3-52 所示的啤酒节海报。案例的最终效果见本书配套素材"项目三"文件夹中的"雪花啤酒节海报.psd"。

图 3-52　啤酒节海报

提示：

打开本书配套素材"项目三"文件夹中的"15.psd"～"20.psd"文件，使用"画布大小"命令调整"15.psd"文件的画布尺寸并使用"透视裁剪工具" 裁剪图像，然后使用"旋转"命令制作啤酒瓶图像的倾斜效果，使用"吸管工具" 、"矩形选框工具" 、"变形"命令和"水平翻转"命令制作波浪形线条，最后将"20.psd"图像窗口中的文字图像放置在合适的位置。图 3-53 为啤酒节海报的制作步骤。

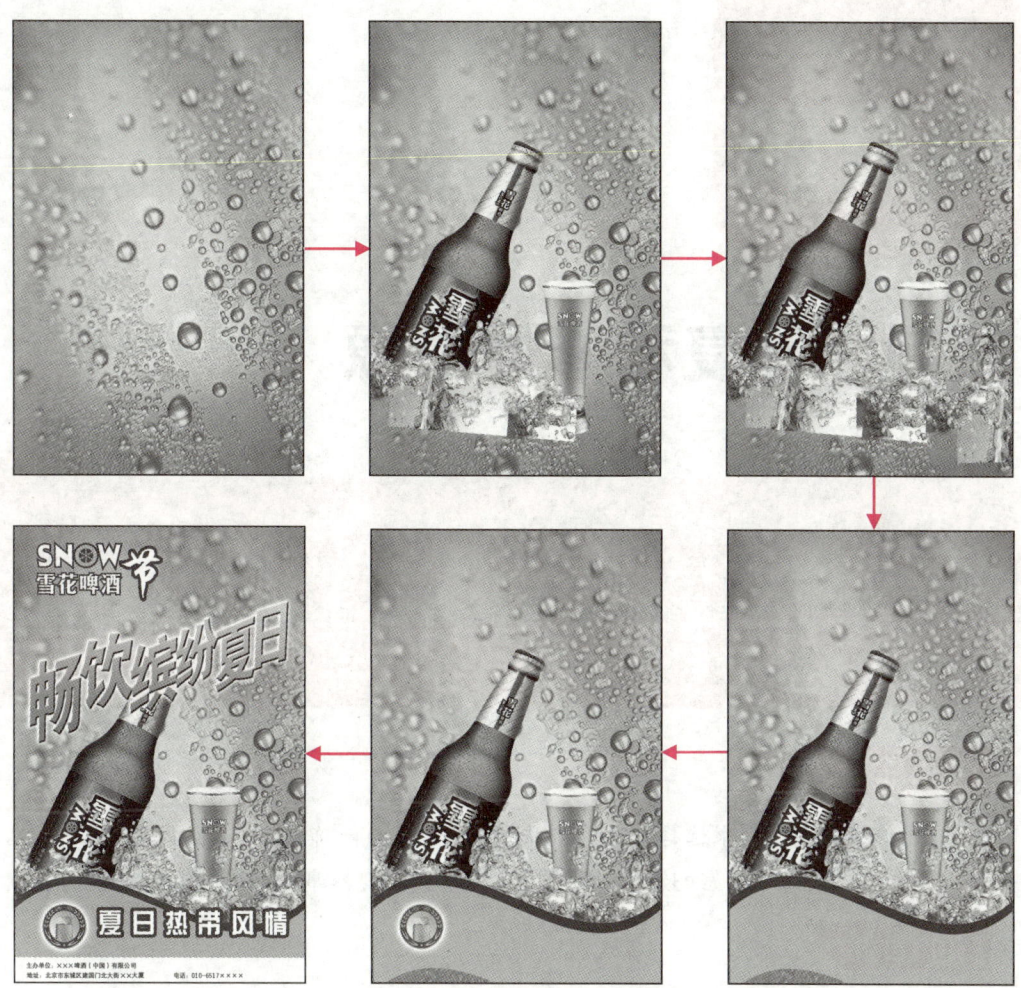

图 3-53 啤酒节海报的制作步骤

项目四

绘制、修复和修饰图像

Photoshop 提供了许多实用的绘制、修复与修饰图像的工具，如"画笔工具""仿制图章工具""修复画笔工具""模糊工具""锐化工具"等。使用这些工具不仅可以绘制图形，还可以去除图像中的瑕疵，或者修饰图像，使图像效果趋于完美。本项目将介绍绘制、修复和修饰图像的相关知识。

素质目标

▶ 能够根据实际需求选择合适的方法绘制、修复与修饰图像，真正做到学以致用。
▶ 养成认真、严谨、细致的学习习惯，不断提高观察事物的能力和审美能力。

知识目标

▶ 掌握使用"画笔工具" 、"铅笔工具" 、"颜色替换工具" 、"混合器画笔工具" 绘制图像的方法。
▶ 了解自定义画笔样式的方法。
▶ 掌握使用图章工具组和修复工具组中的工具修复图像的方法。
▶ 掌握使用润饰工具组中的工具修饰图像的方法。
▶ 了解历史记录画笔工具组中的工具的功能和使用方法。
▶ 掌握使用橡皮擦工具组和填充工具组中的工具处理图像的方法。

能力目标

▶ 能够使用工具绘制所需图像，从而制作出风景画、秋景图等。
▶ 能够使用工具美化、修饰人物照片和其他图像。
▶ 能够通过擦除和填充图像制作广告并更换照片背景。

项目四　绘制、修复和修饰图像

任务一　绘制风景画——绘制图像

任务说明

在 Photoshop 中，可使用画笔工具组（见图 4-1）中的"画笔工具"、"铅笔工具"、"颜色替换工具"和"混合器画笔工具"绘制图像。下面通过绘制如图 4-2 所示的风景画，学习绘制图像的方法。

素材：素材与实例\项目四\2.jpg
效果：素材与实例\项目四\风景画.jpg

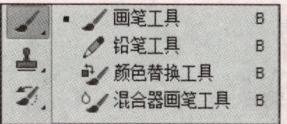

图 4-1　画笔工具组

图 4-2　风景画

相关知识

一、画笔工具

使用"画笔工具"可以绘制各种图案。选择"画笔工具"，设置绘画颜色（前景色），然后在工具属性栏或"画笔"调板中设置画笔的样式、大小、硬度等，接着在画布上单击或按住左键不放并拖动鼠标进行绘画。图 4-3 为使用"画笔工具"绘制的图像。

图 4-3　绘制的图像

87

二、铅笔工具

使用"铅笔工具" 可以绘制各种边缘无发散效果的图案。"铅笔工具" 的使用方法与"画笔工具" 的使用方法基本相同。

三、颜色替换工具

使用"颜色替换工具" 可在保持图像形状、纹理和阴影不变的情况下，快速将图像中任意区域的颜色替换为前景色。选择"颜色替换工具" ，根据需要设置前景色和画笔的属性，然后在需要更改颜色的图像区域内单击或进行涂抹，即可替换图像的颜色。

四、混合器画笔工具

使用"混合器画笔工具" 可将前景色和图像上的颜色混合，从而模拟出需要的绘画效果，如图 4-4 所示。"混合器画笔工具" 的使用方法与画笔工具组中的其他工具的使用方法基本相同。

图 4-4 使用"混合器画笔工具"绘制图像

> **做一做**
>
> 打开本书配套素材"项目四"文件夹中的"1.jpg"文件，参照图 4-4，使用"混合器画笔工具" 绘制图像。

任务实施——绘制风景画

步骤 1 打开本书配套素材"项目四"文件夹中的"2.jpg"文件，然后将前景色设为白色、背景色设为黄色（#fcbe00）。

步骤 2 选择"画笔工具" ，在工具属性栏的"画笔"列表框中单击，在弹出的面板中选择"柔边圆"画笔，并参照图 4-5 设置画笔的大小、硬度等参数。

绘制风景画

项目四　绘制、修复和修饰图像

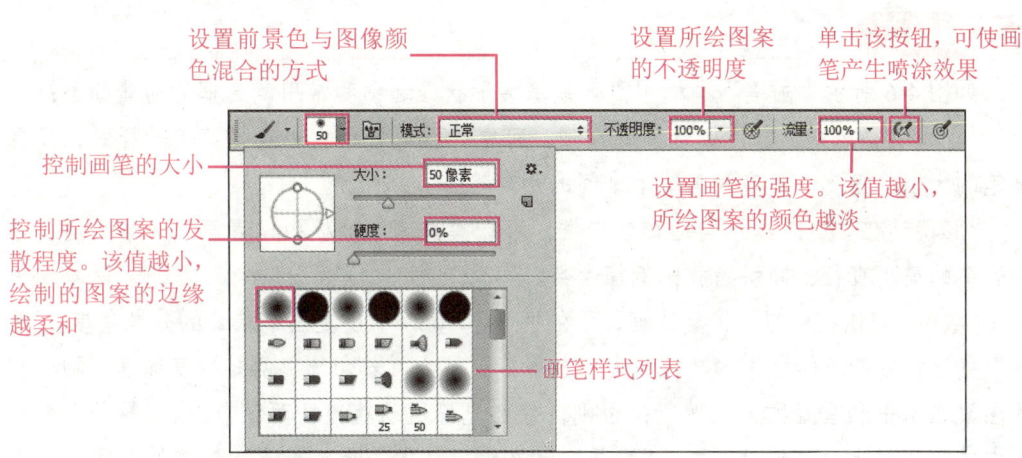

图 4-5　选择画笔样式并设置参数

> **小贴士**
>
> 选择"窗口"→"画笔预设"菜单项,打开"画笔预设"调板,从中也可以选择需要的画笔样式。

步骤 3　选择"窗口"→"画笔"菜单项或按"F5"键,打开"画笔"调板,在其中可设置画笔的更多参数。在本案例中,可在"画笔"调板中选择"画笔笔尖形状"选项,在调板右下角的"间距"(画笔笔迹间的距离)编辑框中输入"25";选择"形状动态"选项,参照图 4-6(a)进行设置;选择"散布"选项,参照图 4-6(b)进行设置。

步骤 4　在"画笔"调板中选择"纹理"选项,然后单击图案列表框,在弹出的图案列表中单击 按钮,在弹出的下拉列表中选择"图案"选项,接着单击"Adobe Photoshop"对话框中的"确定"或"追加"按钮,将所选图案添加到图案列表中,最后在该列表中选择"云彩"图案,并参照图 4-6(c)设置参数。

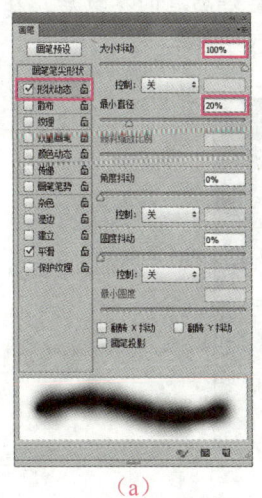　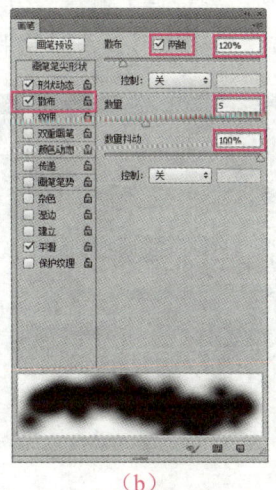　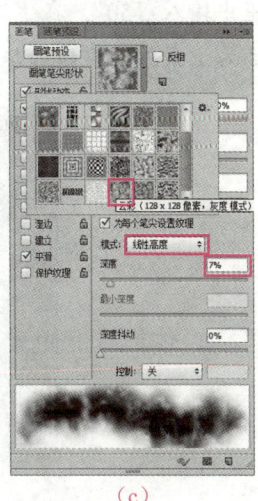

(a)　　　　　　　　　　(b)　　　　　　　　　　(c)

图 4-6　在"画笔"调板中设置各项参数

89

> **知识库**
>
> 如图 4-6 所示"画笔"调板中"画笔笔尖形状"选项和常用复选框的功能如下：
>
> **"画笔笔尖形状"选项**：选择该选项，可在"画笔"调板中选择笔尖的样式，设置画笔的大小、角度、硬度和画笔笔迹间的距离等。
>
> **"形状动态"复选框**：勾选该复选框，可在"画笔"调板中设置画笔大小的随机性和画笔的最小直径、倾斜缩放比例等参数。
>
> **"散布"复选框**：勾选该复选框，可在"画笔"调板中设置画笔笔迹的分散程度。"两轴"复选框右侧编辑框中的数值越大，散射范围越大。若勾选"两轴"复选框，则绘制的图案在水平和垂直方向上散射；否则，仅在光标运动轨迹的两侧散射。"数量"编辑框中的数值越大，笔迹越密集；"数量抖动"编辑框中的数值越大，笔迹的疏密变化程度越大。
>
> **"纹理"复选框**：勾选该复选框，可在"画笔"调板中选择所需的纹理图案并设置该图案的大小、亮度、对比度等参数。
>
> **"颜色动态"复选框**：勾选该复选框，可在"画笔"调板的"前景/背景抖动"编辑框中设置所绘图案的颜色从前景色过渡到背景色的程度。该编辑框中的数值为 0% 时，表示仅应用前景色绘制图案。此外，在"画笔"调板中还可以设置所绘图案的色相、饱和度、亮度的随机性及颜色的纯度。
>
> **"传递"复选框**：勾选该复选框，可在"画笔"调板中设置所绘图案的不透明度、颜色的变化程度等参数。

步骤 5 在"画笔"调板底部的预览框中可以看出云彩太厚，这样绘制出来的图案将是一片白色，没有云彩应有的蓬松感。因此，需要选择"传递"选项，在"不透明度抖动"编辑框中输入"50"，在"流量抖动"编辑框中输入"20"。设置好画笔的参数后，在图像窗口的右上角按住左键并拖动鼠标，绘制心形云朵，效果如图 4-7 所示。

图 4-7　绘制心形云朵

步骤 6 在工具属性栏的"画笔"列表框中单击,然后单击弹出的面板右上角的 按钮,在弹出的下拉列表中选择需要添加的画笔类型(如选择"特殊效果画笔"选项),最后单击"Adobe Photoshop"对话框中的"确定"按钮,将所选画笔添加到画笔样式列表中。

> **小贴士**
>
> 在工具属性栏的"画笔"列表框中单击,然后单击弹出的面板右上角的 按钮,在弹出的下拉列表中选择"复位画笔"选项,画笔样式列表中将显示软件默认设置的画笔类型。

步骤 7 在画笔样式列表中选择添加的画笔"杜鹃花串",然后选择"画笔"调板中的"画笔笔尖形状"选项,将"间距"设为 90%;选择"颜色动态"选项,将"前景/背景抖动"设为 100%;选择"散布"选项,将"散布"设为 260%、"数量"设为 2。

步骤 8 将前景色设为黄色(#fff50a),然后在图像窗口底部拖动鼠标,以绘制杜鹃花,效果如图 4-8 所示。

图 4-8 绘制杜鹃花

步骤 9 选择"吸管工具" ,按住"Alt"键在绿色树叶上单击,将单击处的颜色设为背景色。选择"颜色替换工具" ,在工具属性栏中设置画笔的"大小"为 30 像素,"模式"为颜色,"容差"为 50%,并单击"取样:背景色板"按钮 ,如图 4-9 所示。

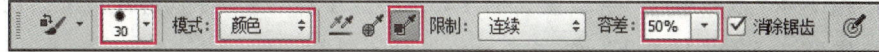

图 4-9 工具属性栏

> **知识库**
>
> 如图 4-9 所示的工具属性栏中常用按钮、列表框和编辑框的功能如下:
>
> **按钮**:用于拾取需要替换的颜色。单击"取样:连续"按钮 并拖到鼠标,可替换光标经过处的所有颜色;单击"取样:一次"按钮 并拖到鼠标,只能替换与每次单击处颜色相似的颜色;单击"取样:背景色板"按钮 并拖到鼠标,只能替换与当前背景色相似的颜色。
>
> **"限制"列表框**:用于设置替换颜色的范围。选择"连续"选项,表示替换光标经过处颜色相近的区域内的颜色;选择"不连续"选项,表示替换光标经过处的所有颜色;"查找边缘"选项与"连续"选项的功能类似,但是在使用"查找边缘"选项替换颜色时,软件会保留图像边缘的色彩过渡效果。
>
> **"容差"编辑框**:该编辑框中的数值越大,可替换的颜色范围就越大。

步骤 10 设置好画笔的参数后，将光标移动至树叶上并按住左键拖动鼠标，在树叶上进行涂抹，直至树叶出现泛黄效果。至此，风景画就制作完成了。

课堂实训——制作秋景图

使用本任务所学的知识制作如图 4-10 所示的秋景图。本实训的最终效果见本书配套素材"项目四"文件夹中的"秋景图.psd"。

图 4-10　秋景图

提示：

打开本书配套素材"项目四"文件夹中的"3.jpg"文件，选择"画笔工具"，将画笔的样式设为"散布枫叶"并设置其他参数，然后在图像窗口中的合适位置绘制枫叶图案，最后使用"颜色替换工具"改变所绘枫叶的颜色。

知识拓展——自定义画笔样式

读者可根据需要将任意图像设置为画笔样式。操作方法：① 在要设置为画笔样式的图案中创建选区，如图 4-11（a）所示；② 选择"编辑"→"定义画笔预设"菜单项，打开"画笔名称"对话框，在"名称"编辑框中输入画笔的名称［见图 4-11（b）］，单击"确定"按钮即可。

自定义画笔后，选择"画笔工具"，在工具属性栏的"画笔"列表框中单击，在弹出的面板中可以看到自定义的画笔样式，如图 4-12 所示。

项目四　绘制、修复和修饰图像

（a）

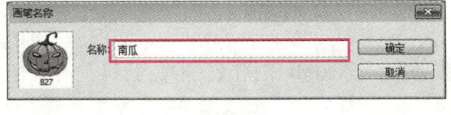
（b）

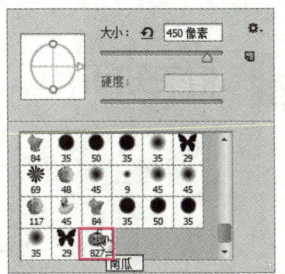

图 4-11　自定义画笔样式　　　　　　　　　　图 4-12　查看自定义的画笔样式

做一做

打开本书配套素材"项目四"文件夹中的"4.jpg"文件，参照图 4-11 自定义画笔样式。

任务二　美化人物照片——修复图像

任务说明

美化人物照片时，经常需要使用图章工具组和修复工具组中的工具。下面通过美化如图 4-13（a）所示的人物照片，学习图章工具组和修复工具组中常用工具的使用方法。人物照片的美化效果如图 4-13（b）所示。

素材：素材与实例\项目四\5.jpg
效果：素材与实例\项目四\修复人物照片.jpg

　　（a）　　　　　　　（b）

图 4-13　人物照片修复前、后效果

93

相关知识

一、图章工具组

图章工具组包括"仿制图章工具" 和 "图案图章工具" ，如图 4-14 所示。

图 4-14 图章工具组

1．仿制图章工具

使用"仿制图章工具" 可以将取样区域内的图像复制到同一幅图像的不同位置或另一幅图像中。通常使用"仿制图章工具" 去除图像中的污点、杂质或复制图像。该工具的具体使用方法将在任务实施中详细介绍。

2．图案图章工具

使用"图案图章工具" 可在图像窗口中绘制软件自带的或者读者自定义的图案。下面以在如图 4-15（a）所示的选区内绘制樱花图案为例，介绍"图案图章工具" 的操作方法。

操作方法：① 将樱花图案所在窗口设为当前窗口，选择"编辑"→"定义图案"菜单项，在弹出的"图案名称"对话框的"名称"编辑框中输入"樱花"，单击"确定"按钮；② 将人物图案所在窗口设为当前窗口，创建如图 4-15（a）所示的选区；③ 选择"图案图章工具" ，将画笔大小设为 150 像素，硬度设为 0%，然后在属性工具栏中选择"樱花"图案；④ 将光标移至选区内，按住左键不放并拖动鼠标，效果如图 4-15（b）所示。

（a） （b）

图 4-15 使用"图案图章工具"绘制图案

做一做

打开本书配套素材"项目四"文件夹中的"17.jpg"和"18.jpg"文件，参照图 4-15 绘制图案。

二、修复工具组

修复工具组包括"污点修复画笔工具"、"修复画笔工具"、"修补工具"、"内容感知移动工具"和"红眼工具",如图4-16所示。

图4-16 修复工具组

1. 污点修复画笔工具

使用"污点修复画笔工具"可以快速去除图像中的污点。选择"污点修复画笔工具",在工具属性栏中设置画笔的大小、硬度等参数,然后在要修复的区域单击或涂抹,即可修复图像,如图4-17所示。

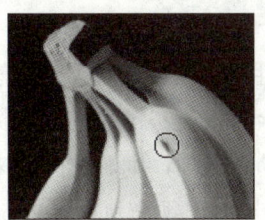 

图4-17 使用"污点修复画笔工具"修复图像

2. 修复画笔工具

使用"修复画笔工具"可以通过取样并复制的方法去除图像中的污点、杂质及不理想部分。选择"修复画笔工具",在工具属性栏中设置画笔的大小、硬度和修复区域的源等参数,然后按住"Alt"键在图像窗口中的非瑕疵处单击,以确定取样点,接着释放"Alt"键,在瑕疵处单击或涂抹(图像窗口中的十形状所在区域表示当前取样区域),即可用取样点处的图像替换单击或涂抹处的图像。

> **小贴士**
>
> 使用"修复画笔工具"和"仿制图章工具"都可以去除图像中的污点和杂质,但是使用"修复画笔工具"能够使被修复区域的图案与周围图案完美融合,修复后的图像更加自然。

3. 修补工具

使用"修补工具"也可以修复图像,其作用、原理和效果与"修复画笔工具"类似,但是"修补工具"是基于选区修复图像的,在修复图像前,必须先创建选区。

选择"修补工具",在工具属性栏中设置相关属性,然后按住左键并围绕要修复的区域绘制源选区,接着将光标移到源选区内,当光标变成时按住左键并拖动鼠标,当光标位于目标区(非瑕疵区)时释放左键。此时,源选区内的图像被目标区内的图像覆盖,如图4-18所示。

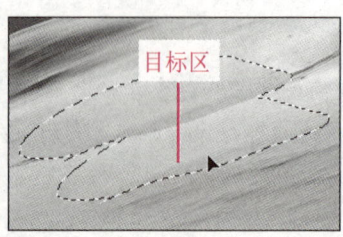

图 4-18　使用"修补工具"修复图像

4．内容感知移动工具

使用"内容感知移动工具" 可将选中的对象移动或复制到图像的其他区域，以产生新的视觉效果。

选择"内容感知移动工具" ，在工具属性栏中设置相关属性，然后按住左键绘制源选区，接着将光标移到源选区内，当光标变为 时按住左键并拖动鼠标至目标区时释放左键。若工具属性栏的"模式"列表框中为"移动"选项，则源选区原来所在位置会自动填充与周围图像相近的图像，并且源选区内的图像同时出现在目标区内；若工具属性栏的"模式"列表框中为"扩展"选项，则将源选区内的图像复制在目标区内，如图 4-19 所示。

图 4-19　使用"内容感知移动工具" 修复图像

5．红眼工具

使用"红眼工具" 可以消除人物或动物图像中的红眼现象。选择"红眼工具" ，在工具属性栏中设置相关参数后，在图像中的红眼处单击，即可修复红眼。

任务实施——美化人物照片

步骤 1　打开本书配套素材"项目四"文件夹中的"5.jpg"文件，选择"污点修复画笔工具" ，然后单击工具属性栏（见图 4-20）中的"画笔"列表框，在弹出的面板中设置画笔的"大小"为 15 像素，并选中"内容识别"单选钮。

美化人物照片

表示使用修复区域中的所有像素在该区域内创建纹理

表示使用修复区域周围的图像修复该区域

表示使用修复区域周围较接近该区域图像的内容修复该区域,同时保留图像细节,如阴影

图 4-20 工具属性栏

步骤 2 参数设置好后,按"Ctrl++"快捷键,将图像放大显示,并将痣所在的部位移至图像窗口中的合适位置,然后在要消除的痣上单击(也可多次单击或按住左键涂抹),如图 4-21 所示。

> **小贴士**
>
> "污点修复画笔工具" 适用于修复污点较小的图像。如果要修复的污点较大或需要精确地控制取样对象,则应使用"修复画笔工具" 。

步骤 3 选择"红眼工具" ,在人物的红眼处单击(见图 4-22),即可消除红眼现象。

图 4-21 消除人物面部的痣　　　　　　　　　　图 4-22 在人物的红眼处单击

步骤 4 选择"修补工具" ,在工具属性栏中将修补模式设为"内容识别",然后在"适应"列表框中选择"中"选项,如图 4-23 所示。其中,"适应"列表框用于控制图像修复的精度。

图 4-23 工具属性栏(1)

> **知识库**
>
> 如图 4-23 所示的"修补"列表框用于设置修补模式。采用"内容识别"和"正常"均可用目标区内的图像替换源选区内的图像,但是采用"内容识别"模式时,目标区边缘会与源选区周围的图像相融合。

将修补模式设为"正常"时的工具属性栏如图 4-24 所示,其中各单选钮和"使用图案"按钮的功能如下:

图 4-24　工具属性栏(2)

"**源**"**单选钮**:选中该单选钮,然后将源选区拖至目标区,源选区内的图像将产生变化。

"**目标**"**单选钮**:选中该单选钮,然后将源选区拖至目标区,目标区内的图像将产生变化。

"**使用图案**"**按钮**:制作选区后单击该按钮,修补时生成的图像为源选区内的图案与该按钮右侧图案列表框中的图案叠加后的效果。

步骤 5　按住左键并拖动鼠标,以创建源选区,如图 4-25(a)所示。将光标移至源选区内,然后按住左键并拖动鼠标至图 4-25(b)所示的位置。释放左键,源选区内的图像将被目标区内的图像替换,并且选区边缘自然融合。取消选区后的效果如图 4-25(c)所示。

　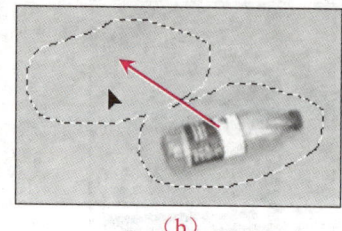　

　　　(a)　　　　　　　　　　　　(b)　　　　　　　　　　　　(c)

图 4-25　使用"修补工具"修复图像

步骤 6　选择"仿制图章工具",在工具属性栏中将画笔的大小设为 172 像素,样式设为"柔边圆压力大小"。

步骤 7　按住"Alt"键并单击画面左侧需要消除的人物附近,以定义取样点,如图 4-26(a)所示,然后释放"Alt"键,按住左键并拖动鼠标,在要消除的人物图像上涂抹。此时,取样点处的图像将覆盖多余人物图像,如图 4-26(b)所示。为了使图像的修复效果更加自然,读者可多次定义不同的取样点。人物照片的修复效果如图 4-26(c)所示。

步骤 8　选择"修复画笔工具",在工具属性栏中将画笔的大小设为 100 像素,硬度设为 0%,然后选中"取样"单选钮,接着在日期图像上按住"Alt"键并在要清除的日期附近单击[见图 4-27(a)],以定义取样点,最后松开"Alt"键,按住左键涂抹要清除的日期[见图 4-27(b)],即可清除日期。

项目四　绘制、修复和修饰图像

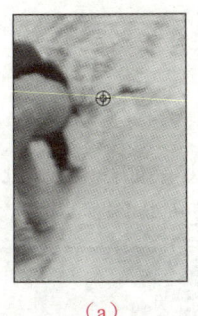 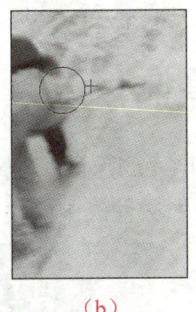 

（a）　　　　　　　　（b）　　　　　　　　　　（c）

图 4-26　修复人物照片

（a）　　　　　　　　　　　　　　　（b）

图 4-27　清除日期

> **小贴士**
>
> "修复画笔工具"　与"仿制图章工具"　操作方法相同，二者的主要区别是，使用"修复画笔工具"　能够使取样点处的图像自然融入要修复的图像中，并使被修复的图像区域与周围的区域完美融合。

步骤 9　选择"内容感知移动工具"　，在工具属性栏中设置混合模式为"扩展"，图像修复精度为"中"，然后按住左键并拖动鼠标，创建如图 4-28（a）所示的选区，接着将光标放入选区内，按住左键并拖动鼠标至合适的位置，以复制纽扣，如图 4-28（b）和（c）所示。至此，人物照片美化工作就完成了。

（a）　　　　　　　　　　（b）　　　　　　　　（c）

图 4-28　使用"内容感知移动工具"添加纽扣

课堂实训——修复人物图像

使用本任务所学的知识修复如图 4-29（a）所示的图像，效果如图 4-29（b）所示。本实训的最终效果见本书配套素材"项目四"文件夹中的"修复人物图像.jpg"。

图 4-29 人物图像修复前、后效果

提示：

打开本书配套素材"项目四"文件夹中的"6.jpg"文件，然后使用"污点修复画笔工具" 去除人物嘴巴下方的痣，使用"修复画笔工具" 清除人物胳膊上的污渍，使用"修补工具" 修复图像的背景，最后使用"红眼工具" 消除人物图像中的红眼现象。

任务三 修饰人物形象——修饰图像

任务说明

在修饰人物照片时，经常需要使用润饰工具组中的工具美化图像，并且还可以根据需要，使用历史记录画笔工具组中的工具撤销对图像中的部分区域所进行的编辑操作。下面通过修饰如图 4-30（a）所示的人物形象，学习修饰图像的方法。人物照片的修饰效果如图 4-30（b）所示。

素材：素材与实例\项目四\7.jpg

效果：素材与实例\项目四\修饰人物形象.jpg

图 4-30 人物照片修饰前、后效果

项目四 绘制、修复和修饰图像

相关知识

一、润饰工具组

润饰工具组包括"模糊工具"、"锐化工具"、"涂抹工具"、"减淡工具"、"加深工具"和"海绵工具",如图 4-31 所示。

图 4-31 润饰工具组

(1)模糊、锐化和涂抹工具。使用"模糊工具"可以柔化图像,减少图像的细节;使用"锐化工具"可以增强图像相邻像素之间的对比,提高图像的清晰度;使用"涂抹工具"可以拾取单击点的颜色,并沿拖动方向展开这种颜色,可模拟类似手指拖过湿颜料时的效果,使颜色之间的过渡更加自然。这 3 种工具的使用方法是,选择相应的工具,然后在工具属性栏中设置相关参数,最后在图像上要修饰处单击或按住左键进行涂抹。

(2)减淡、加深和海绵工具。使用"减淡工具"和"加深工具"可以改变图像的曝光度,使图像中被涂抹的区域变亮或变暗;使用"海绵工具"可以调整图像中被涂抹区域的色彩饱和度。这 3 种工具的使用方法与模糊、锐化和涂抹工具的使用方法基本相同,此处不再赘述。

二、历史记录画笔工具组

历史记录画笔工具组包括"历史记录画笔工具"和"历史记录艺术画笔工具",如图 4-32 所示。

(1)"历史记录画笔工具"。使用该工具可以将涂抹区域的图像还原到先前的某个状态,而图像中未被涂抹区域的图像保持不变。

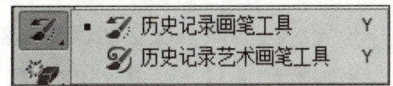

图 4-32 历史记录画笔工具组

(2)"历史记录艺术画笔工具"。使用该工具可以将涂抹区域的图像还原到先前的某个状态并对该区域进行艺术化处理,其使用方法与"历史记录画笔工具"的使用方法完全相同。

任务实施——修饰人物照片

修饰人物照片

步骤 1 打开本书配套素材"项目四"文件夹中的"7.jpg"文件,选择"污点修复画笔工具",在工具属性栏中设置画笔的大小为

101

15像素，然后单击"近似匹配"单选钮，接着在人物面部的污点处单击［见图4-33（a）］，以去除污点。去除污点后的效果如图4-33（b）所示。

（a）　　　　　　　　　　　　　　（b）

图4-33　使用"污点修复画笔工具"去除污点

步骤2　使用"缩放工具" 将人物鼻梁处放大显示。选择"修复画笔工具"，在工具属性栏中设置画笔的"大小"为8像素，"硬度"为20%，然后选中"取样"单选钮。按住"Alt"键并在鼻梁上方没有皱纹的皮肤处单击，定义取样点［见图4-34（a）］，然后松开"Alt"键，按住左键在鼻梁上方的皱纹处涂抹［见图4-34（b）］，最后释放左键，即可去除涂抹处的皱纹。

 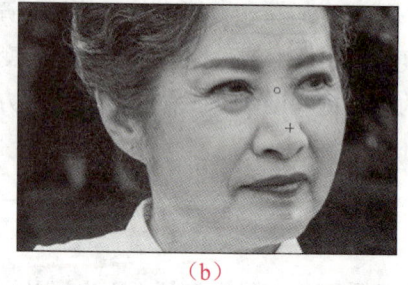

（a）　　　　　　　　　　　　　　（b）

图4-34　去除皱纹

步骤3　参照步骤2的操作，在眼睛周围涂抹，以去除涂抹处的皱纹。

步骤4　选择"修补工具"，在工具属性栏中将修补模式设为"内容识别"，图像修复精度为"中"，然后在人物额头的皱纹处创建选区（见图4-35），接着将光标移至选区内并按住左键拖动鼠标，将选区向没有皱纹的区域拖动，最后释放左键，即可去除选区内的皱纹。

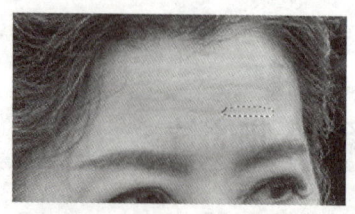

图4-35　创建选区

项目四　绘制、修复和修饰图像

步骤 5　参照步骤 4 的操作，通过创建不同的选区，去除人物额头上与眼角处的皱纹和眼袋。

步骤 6　选择"加深工具"，在工具属性栏中设置画笔的"大小"为 60 像素，"样式"为柔边圆，其余参数如图 4-36 所示，然后按住左键在人物头发上涂抹，使头发颜色变黑。值得注意的是，在涂抹的过程中，可根据实际需要调整画笔的大小。

图 4-36　工具属性栏（1）

知识库

如图 4-36 所示的工具属性栏中的"范围"列表框和"曝光度"编辑框的功能如下：

"范围"列表框：用于设置加深效果的作用范围。在该列表框中选择"阴影"选项，可加深涂抹处的阴影效果；选择"中间调"选项，可降低涂抹处图像中间调的亮度；选择"高光"选项，可降低涂抹处图像高光的亮度。

"曝光度"编辑框：该编辑框中的数值越大，加深效果越明显。

步骤 7　从图 4-37 中可以看出，使用"加深工具"加深头发颜色后的效果比较生硬。使用"历史记录画笔工具"可还原头发的质感。选择该工具，在工具属性栏中设置画笔的"大小"为 60 像素，"样式"为柔边圆，"模式"为正常，"不透明度"为 10%。

步骤 8　按住左键顺着头发的纹理进行涂抹，以增强头发的质感，效果如图 4-38 所示。至此，人物照片就修饰完了。

图 4-37　头发颜色变黑

图 4-38　增强头发的质感

课堂实训——修饰饰品照片

使用本任务所学的知识修饰饰品照片，修饰效果如图 4-39 所示。本实训的最终效果见本书配套素材"项目四"文件夹中的"修饰饰品照片.jpg"。

图 4-39　修饰饰品照片

提示：

打开本书配套素材"项目四"文件夹中的"8.jpg"文件，使用"锐化工具" 、"模糊工具" 和"涂抹工具" 在发钗、画面左下方两颗宝石和发钗上色彩不均匀的区域涂抹，以提高发钗的清晰度；使用"减淡工具" 在发钗及其周围涂抹，然后设置范围为阴影，并在阴影处涂抹；使用"加深工具" 调整画面整体的色调。最后选择"海绵工具" ，将其模式设为"去色"并在花朵上涂抹，以降低其色彩饱和度；然后将其模式设为"加色"，并发钗上涂抹，以提高其色彩饱和度。

任务四　制作房地产广告——擦除和填充图像

任务说明

使用 Photoshop 设计平面图时，经常需要使用橡皮擦工具组中的工具擦除图像中多余的部分，使用填充工具组中的工具填充图像或颜色。下面通过制作如图 4-40 所示的房地产广告，学习擦除和填充图像的方法。

素材：素材与实例\项目四\9.jpg、10.jpg、11.psd
效果：素材与实例\项目四\房地产广告.jpg

图 4-40　房地产广告

相关知识

一、橡皮擦工具组

橡皮擦工具组（见图 4-41）包括"橡皮擦工具" ✐、"背景橡皮擦工具" ✐ 和"魔术橡皮擦工具" ✐，它们的主要功能是擦除图像中多余的部分。

（1）"橡皮擦工具" ✐。选择该工具，在工具属性栏（见图 4-42）中设置相关参数，然后按住左键在图像窗口中单击或涂抹，可擦除单击处和涂抹区域内的所有图像。

图 4-41　橡皮擦工具组

图 4-42　工具属性栏

> **小贴士**
>
> 若勾选如图 4-42 所示的工具属性栏中的"抹到历史记录"复选框，则"橡皮擦工具" ✐ 的功能将类似于"历史记录画笔工具" ✐，可使涂抹区域的图像还原到先前的某个状态。
>
> 此外，使用"橡皮擦工具" ✐ 时，若在背景图层上擦除图像，被擦除区域将使用背景色填充；若在普通图层上擦除图像，被擦除区域将变透明，如图 4-43 所示。
>
> 　
>
> 在背景图层上擦除图像　　　在普通图层上擦除图像
>
> 图 4-43　擦除不同图层中的图像

（2）"背景橡皮擦工具" ✐。使用该工具可以擦除单击处和涂抹区域内与取样颜色（单击或涂抹时自动采集的画笔中心的颜色）相近的图像，并且擦除后的区域呈现透明效果。该工具的具体使用方法将在任务实施中介绍。

（3）"魔术橡皮擦工具" ✐。使用该工具可以快速擦除单击处和涂抹区域内颜色相近的图像。

二、填充工具组

填充工具组中常用的工具有"油漆桶工具"和"渐变工具"，如图 4-44 所示。

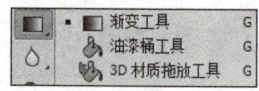

图 4-44　填充工具组

（一）油漆桶工具

使用"油漆桶工具"可将前景色或图案填充到与单击处颜色相近的区域内。选择该工具，在工具属性栏（见图 4-45）的"设置填充区域的源"列表框中选择填充类型，并设置好其他参数，然后在要填充前景色或图案的区域内单击即可。

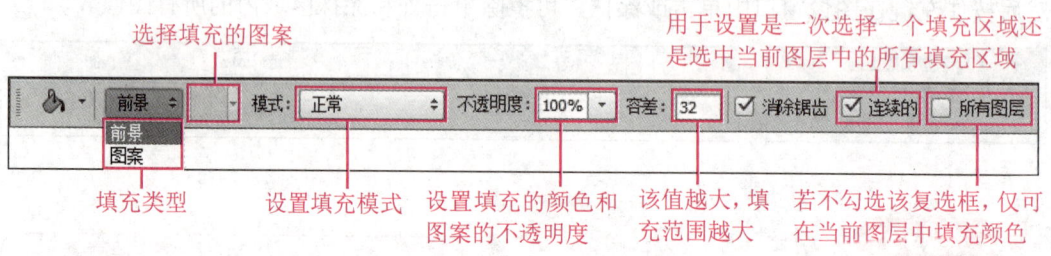

图 4-45　"油漆桶工具"属性栏

> **小贴士**
>
> "油漆桶工具"与"填充"命令不同，使用"填充"命令可填充整个画布或选区内的所有区域，使用"油漆桶工具"只能填充与单击处颜色相近的区域。

（二）渐变工具

使用"渐变工具"可以为整幅图像或选区填充多种颜色，并且可以设置这些颜色的渐变效果。选择该工具，在工具属性栏（见图 4-46）中单击渐变条右侧的按钮，在打开的渐变图案面板中选择所需图案，或者单击渐变条，在打开的"渐变编辑器"对话框中选择所需图案并编辑相关参数，然后在工具属性栏中设置其他参数，最后将光标移至要填充的区域内按住左键并拖动鼠标即可。

图 4-46　"渐变工具"属性栏

此外，使用工具属性栏中的"线性渐变"按钮、"径向渐变"按钮、"角度渐变"按钮、"对称渐变"按钮和"菱形渐变"按钮，可以设置渐变方式，如图 4-47 所示。该图中的箭头表示在填充渐变图案时，光标的起点和拖动方向。

项目四 绘制、修复和修饰图像

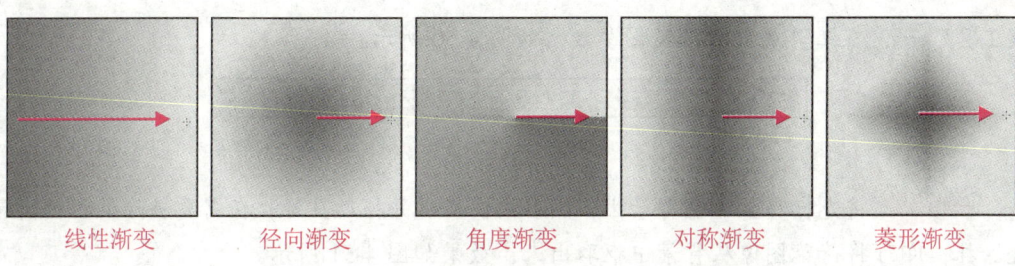

线性渐变　　　径向渐变　　　角度渐变　　　对称渐变　　　菱形渐变

图 4-47　5 种渐变方式

任务实施——制作房地产广告

步骤 1　新建一个文件，将其名称设为"房地产广告"、宽度设为 38 厘米、高度设为 54 厘米、颜色模式为 CMYK 颜色、背景设为白色，其余参数均采用默认设置。

步骤 2　打开本书配套素材"项目四"文件夹中的"9.jpg"文件，选择"魔术橡皮擦工具" ，在工具属性栏中设置"容差"为 65，不透明度为 100%，如图 4-48 所示。

制作房地产广告

图 4-48　"魔术橡皮擦工具"属性栏

步骤 3　将光标移至图像窗口中的天空处并单击，效果如图 4-49（a）所示。继续在图像窗口中的天空和湖水处单击，擦除不需要的图像，效果如图 4-49（b）所示。

（a）　　　　　　　　　　　　　　（b）

图 4-49　使用"魔术橡皮擦工具"擦除图像

步骤 4　将图像放大显示，可以看到图像中的部分区域未擦除。选择"橡皮擦工具" ，在工具属性栏中设置画笔的大小为 90 像素，然后按住左键在要擦除的区域内涂抹。

步骤 5　依次按"Ctrl+A""Ctrl+C"快捷键，复制楼盘图像，然后切换到"房地产广告"图像窗口，按"Ctrl+V"快捷键，将楼盘图像粘贴到该图像窗口中，最后将其移至合适的位置。

步骤 6　打开本书配套素材"项目四"文件夹中的"10.jpg"文件。选择"背景橡皮擦工具" ，在工具属性栏中设置参数，如图 4-50 所示。

图 4-50　"背景橡皮擦工具"属性栏

步骤 7　将光标移至白色背景上，然后按住左键并拖动鼠标，在需要去除的白色背景处涂抹，即可将荷花图像从背景中抠取出来，效果如图 4-51 所示。

步骤 8　将荷花图像复制到"房地产广告"图像窗口中，并放置在合适的位置，效果如图 4-52 所示。

图 4-51　抠取荷花图像

图 4-52　复制荷花图像

步骤 9　按"F6"键打开"图层"调板，选中其中的"背景"图层，然后单击调板底部的"创建新图层"按钮 ，即可在"背景"图层上方创建"图层 3"。

步骤 10　选择"渐变工具" ，在工具属性栏中单击"线性渐变"按钮 ，再单击渐变条，打开"渐变编辑器"对话框。将光标移至渐变颜色条的下方，当光标变成 时单击，增加 1 个色标。拖动增加的色标，可调整其位置，如图 4-53 所示。

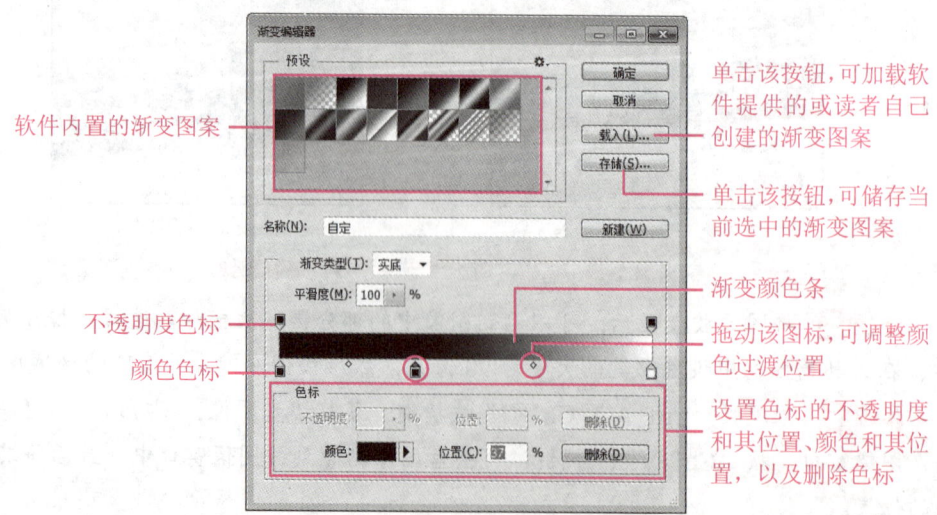

图 4-53　"渐变编辑器"对话框

项目四　绘制、修复和修饰图像

> **小贴士**
> 若想删除某个色标，只需将该色标拖至对话框外，或在选中该色标后，单击"色标"设置区中的"删除"按钮。

步骤 11 分别双击每个色标，在打开的"拾色器（色标颜色）"对话框中设置色标的颜色，如图4-54所示。设置完成后，单击"渐变编辑器"对话框中的"确定"按钮，关闭该对话框。

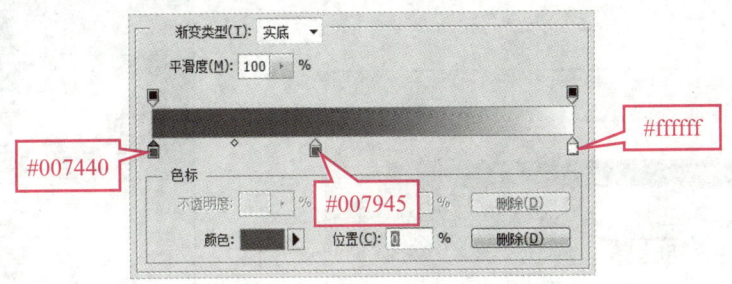

图4-54　设置各色标的颜色

步骤 12 确认工具属性栏中"不透明度"编辑框中的数值为100%，然后将光标移至图像窗口的顶部，按住左键并向下拖动鼠标至合适的位置后释放左键，效果如图4-55所示。

步骤 13 在"图层3"的上方创建"图层4"，然后使用"矩形选框工具" 在图像窗口上方创建矩形选区，如图4-56所示。

图4-55　绘制渐变颜色（1）　　　　图4-56　创建矩形选区

步骤 14 选择"渐变工具" ，在工具属性栏中单击"线性渐变"按钮 ，将"不透明度"设为100%，然后单击渐变条，在打开的"渐变编辑器"对话框中分别添加一个颜色色标和不透明度色标，接着设置左右两侧颜色色标的颜色，最后将最右侧不透明度色标的不透明度设为45%，如图4-57所示。

步骤 15 将光标移至矩形选区顶部,按住左键并向下拖动鼠标至合适的位置,然后释放左键,即可绘制线性渐变颜色。取消选区后的效果如图 4-58 所示。

步骤 16 打开本书配套素材"项目四"文件夹中的"11.psd"文件,依次按"Ctrl+A""Ctrl+C"快捷键复制图像,然后切换到"房地产广告"图像窗口,按"Ctrl+Shift+V"快捷键,原位置粘贴图像,效果如图 4-40 所示。至此,房地产广告就制作完成了。

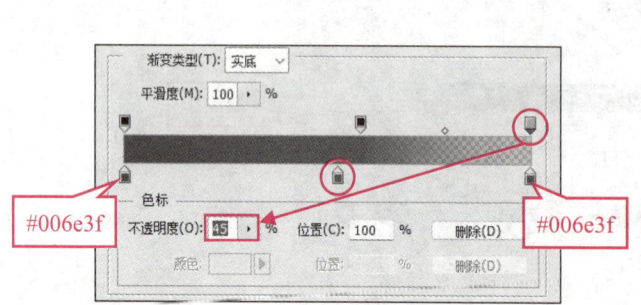

图 4-57 设置色标的颜色和不透明度

图 4-58 绘制渐变颜色(2)

课堂实训——更换照片背景

使用本任务所学的知识更换如图 4-59(a)所示的照片背景,背景更换效果如图 4-59(b)所示。本实训的最终效果见本书配套素材"项目四"文件夹中的"更换照片背景.jpg"。

(a)   (b)

图 4-59 更换照片背景前、后效果

提示:

打开本书配套素材"项目四"文件夹中的"12.jpg"文件,使用"背景橡皮擦工具"擦除照片的背景,然后使用"橡皮擦工具"擦除残余的图像,最后为擦除的区域填充红色。

项目自测

使用本项目所学的知识制作如图4-60所示的手表海报。案例的最终效果见本书配套素材"项目四"文件夹中的"手表海报.psd"。

图4-60　手表海报

提示：

（1）打开本书配套素材"项目四"文件夹中的"13.jpg"文件，使用"钢笔工具" 创建两个形状不规则的选区，然后使用"渐变工具" 为该选区填充渐变颜色。

（2）打开本书配套素材"项目四"文件夹中的"14.psd"文件，将其复制到"13.jpg"图像窗口中。

（3）使用"画笔工具" 和"颜色替换工具" 绘制杜鹃花图案。

（4）打开本书配套素材"项目四"文件夹中的"15.jpg"文件，使用"加深工具" 、"减淡工具" 和"锐化工具" 对图像中的手表进行修饰，使用"背景橡皮擦工具" 抠出手表图像，并将其复制到"13.jpg"图像窗口中。

（5）打开本书配套素材"项目四"文件夹中的"16.psd"文件，将其复制到"13.jpg"图像窗口中。图4-61为手表海报的制作步骤。

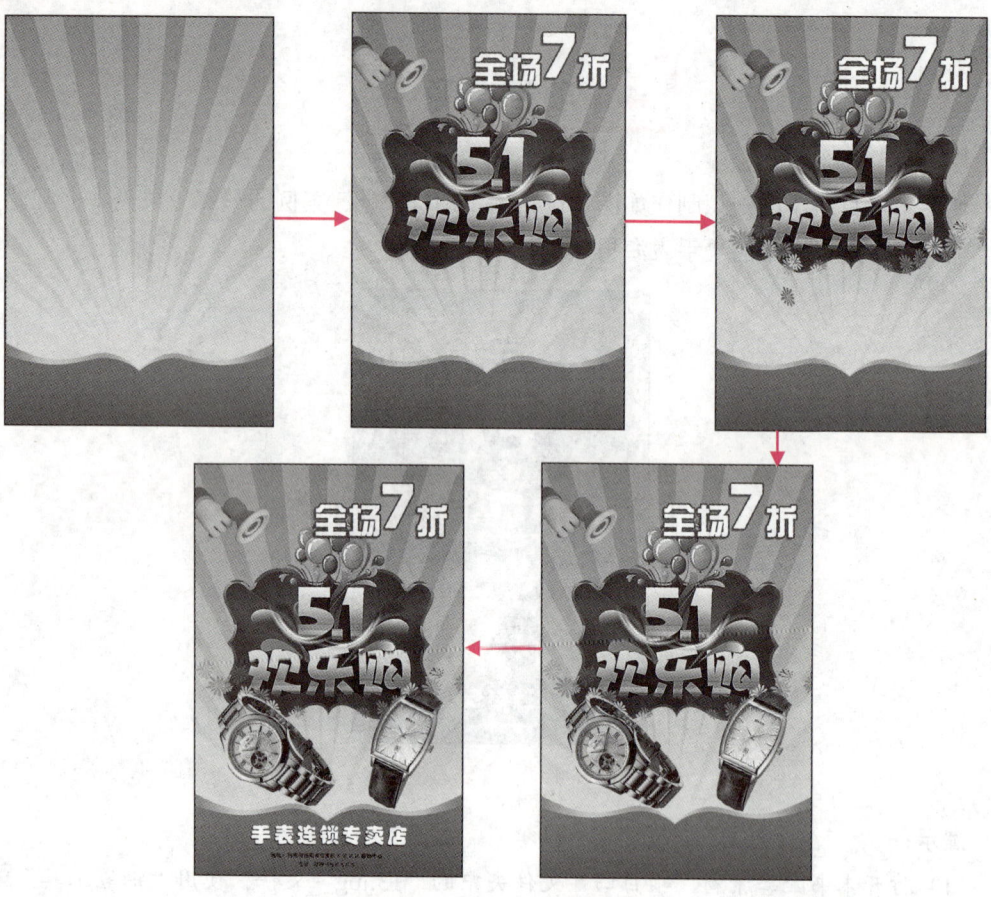

图4-61 手表海报的制作步骤

项目五

调整图像的色调和色彩

在处理图像时，合理地运用色调和色彩，可以营造出各种独特的氛围和深邃的意境，进而增强图像的整体表现力和视觉冲击力。本项目将介绍调整图像的色调、色彩的相关知识和常用命令。合理地使用这些命令可以轻松改变图像的色调和色彩，最终制作出完美的作品。

素质目标

- 培养对色彩的敏锐感知能力，具备合理评价作品中色彩表现效果的专业能力。
- 具备在创作过程中发现问题、分析问题并有效解决问题的能力，通过实践反思与理论研究的有机结合，不断提高自己的创作水平和审美鉴赏能力。

知识目标

- 掌握使用"色阶""曝光度""亮度/对比度""曲线"命令调整图像色调的方法。
- 了解"色调均化"和"色调分离"命令的功能和使用方法。
- 掌握使用"自然饱和度""色相/饱和度""色彩平衡""黑白""变化"命令调整图像色彩的方法。
- 掌握使用"匹配颜色""替换颜色""可选颜色""通道混合器""颜色查找"命令调整图像色彩的方法。
- 熟悉使用"阴影/高光""渐变映射""照片滤镜""去色""反相"命令调整图像色调和色彩的方法。
- 了解"阈值"命令的功能和使用方法。

能力目标

- 能够通过调整图像的色调和色彩来修正、美化照片，从而实现所需的视觉效果。
- 能够综合运用色调和色彩调整命令增强画面的表现力。

任务一　修正和美化照片——调整图像的色调

任务说明

在 Photoshop 中，使用"色阶""曝光度""亮度/对比度"和"曲线"命令可调整图像的色调。下面通过修正和美化如图 5-1（a）所示的照片，学习调整图像色调的方法。照片的修正和美化效果如图 5-1（b）所示。

素材：素材与实例\项目五\1.jpg
效果：素材与实例\项目五\修正和美化照片.jpg

（a）　　　　　　　　（b）
图 5-1　照片修正和美化前、后效果

相关知识

一、色阶

使用"色阶"命令可以调整图像阴影、中间调和高光的强度。选中要调整色调的图像或图像所在的图层，然后选择"图像"→"调整"→"色阶"菜单项，或者按"Ctrl+L"快捷键，打开"色阶"对话框，如图 5-2 所示。在"输入色阶"设置区中分别拖动 3 个滑块，可调整图像阴影、中间调和高光的强度。

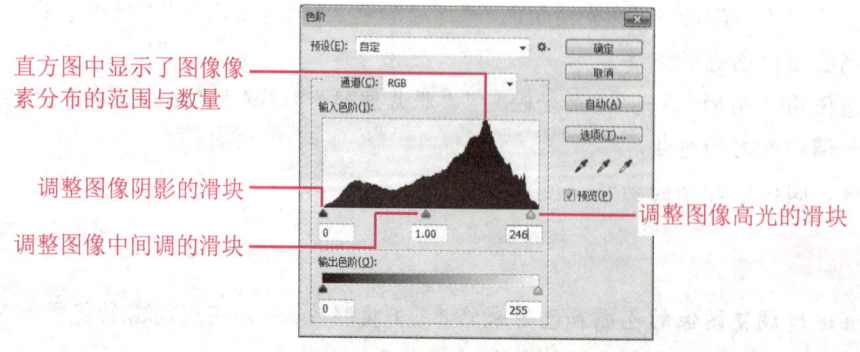

图 5-2　"色阶"对话框

"色阶"对话框中的直方图和按钮的功能如下：

（1）直方图：直方图的横轴表示亮度范围（按照从左到右的顺序，亮度由低变高），纵轴表示某个亮度范围内像素的数量。当大部分像素分布在直方图左侧时，表示该图像整体偏暗；当大部分像素分布在直方图右侧时，表示该图像整体偏亮。

（2）"自动"按钮：单击该按钮，软件会将图像中最亮的像素变为白色，将最暗的像素变为黑色，并且自动调整中间调的亮度。

（3）"在图像中取样以设置黑场"按钮：单击该按钮，然后在图像上单击，软件会将单击处的像素和比该处暗的像素均变成黑色。

（4）"在图像中取样以设置灰场"按钮：单击该按钮，然后在图像上单击，软件会根据单击处像素的亮度调整其他中间调的亮度。通常使用该按钮解决图像的偏色问题。

（5）"在图像中取样以设置白场"按钮：单击该按钮，然后在图像上单击，可将单击处的像素和比该处亮的像素均变成白色。

二、曝光度

使用"曝光度"命令可以提高或降低图像局部的亮度，常用于处理图像曝光不足或曝光过度问题。选中要调整色调的图像或图像所在的图层，然后选择"图像"→"调整"→"曝光度"菜单项，打开"曝光度"对话框。分别拖动该对话框中的滑块或在编辑框中输入数值，可调整图像的色调，如图5-3所示。

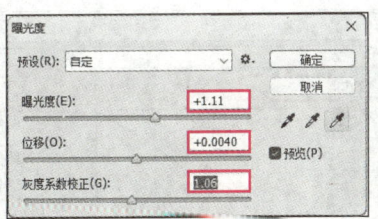

图5-3　使用"曝光度"命令调整图像的色调

"曝光度"对话框中各滑块和编辑框的功能如下：

（1）"曝光度"滑块和编辑框：用于调整高光的范围，对趋于纯黑色的阴影影响较小。

（2）"位移"滑块和编辑框：可使阴影和中间调变暗或变亮，对高光的影响较小。

（3）"灰度系数校正"滑块和编辑框：用于减淡或加深图像中的灰暗区域，提高图像的清晰度。

三、亮度/对比度

使用"亮度/对比度"命令可以快速调整图像的亮度和对比度，但是可能会使图像的细节丢失。选中要调整色调的图像或图像所在的图层，然后选择"图像"→"调整"→"亮度/对比度"菜单项，打开"亮度/对比度"对话框。分别拖动该对话框中的"亮度""对比度"滑块或输入数值，可调整图像的亮度和对比度，如图5-4所示。

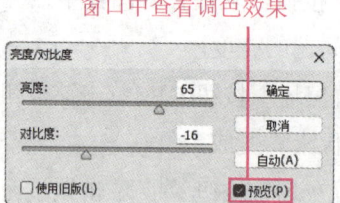

图5-4 使用"亮度/对比度"命令调整图像的色调

四、曲线

"曲线"命令是一个功能较为综合的命令，使用它不仅可以调整整个图像或图像中每个通道的色调，还可调整图像局部区域的色调。

选中要调整色调的图像或图像所在的图层，然后选择"图像"→"调整"→"曲线"菜单项，或者按"Ctrl+M"快捷键，打开"曲线"对话框，如图5-5所示。一般情况下，该对话框中的曲线上有两个控点，顶部控点用于控制图像的亮调，底部控点用于控制图像的暗调。在曲线上单击，可添加控点。向上或向左拖动控点，可使图像变亮；向下或向右拖动控点，可使图像变暗。

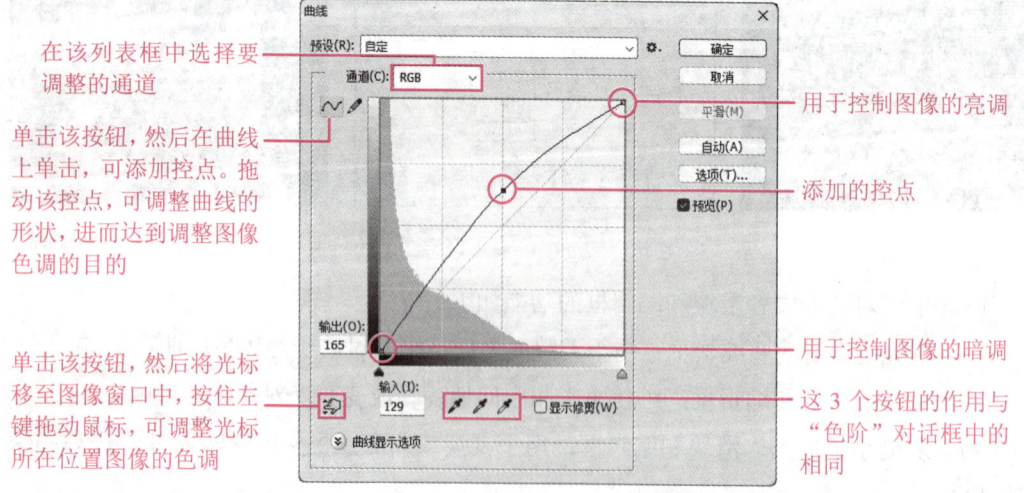

图5-5 "曲线"对话框

项目五　调整图像的色调和色彩

> 📌 **小贴士**
>
> 将曲线上的控点移到网格框外，可删除该控点。"输入"和"输出"编辑框中的数值既表示控点在曲线上的位置，又表示控点在调色前和调色后的数值。例如，设置"输入"为30、"输出"为95时，表示图像中亮度为30的像素被调亮到95。

📝 任务实施——修正和美化照片

步骤 1　打开本书配套素材"项目五"文件夹中的"1.jpg"文件。通过观察图像窗口中的图像，可知该图像的色调偏灰，层次感不强。

步骤 2　选择"图像"→"调整"→"色阶"菜单项，或者按"Ctrl+L"快捷键，打开"色阶"对话框，如图5-6（a）所示。观察该对话框中的直方图，可知该图像的大部分像素分布在中等亮度区域，最暗和最亮区域的像素很少。要增强图像的层次感，需要提高中等亮度区域的亮度，降低阴影区域的亮度。

修正和美化照片

步骤 3　将光标移至"输入色阶"设置区右侧的白色滑块△上，按住左键将其向左拖至合适位置，以指定图像中最亮的像素，然后将最左侧的黑色滑块▲向右拖至合适位置，再将中间的灰色滑块△向左拖至合适位置，如图5-6（b）所示。此时，可看到图像的层次感明显增强了，如图5-6（c）所示。单击"确定"按钮，关闭"色阶"对话框。

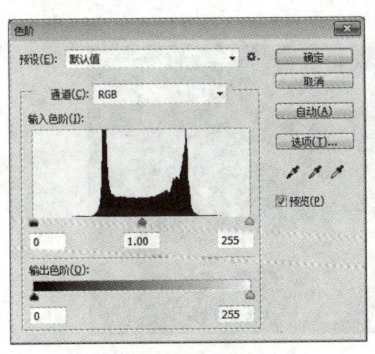
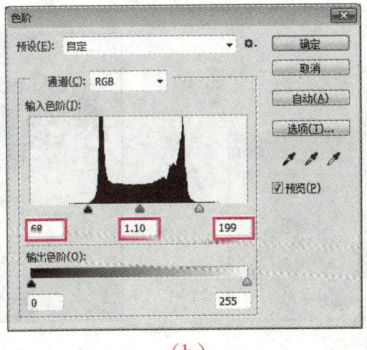

（a）　　　　　　　　　（b）　　　　　　　　　（c）

图5-6　使用"色阶"命令调整图像的色调

> 📌 **小贴士**
>
> 增大"色阶"对话框中"调整阴影输入色阶"编辑框内的数值，可将图像中亮度值小于该数值的所有像素变成黑色，从而使图像变暗。"调整中间调输入色阶"编辑框中的数值小于1时，中间调变暗；大于1时，中间调变亮。减小"调整高光输入色阶"编辑框中的数值，可将图像中亮度值大于该数值的像素变成白色，从而使图像变亮。

步骤 4 选择"图像"→"调整"→"曲线"菜单项,或者按"Ctrl+M"快捷键,打开"曲线"对话框。将光标移至曲线上半部分中的合适位置,然后按住左键并向左上方拖动鼠标至合适位置,创建第 1 个控点。将光标移至曲线下半部分中的合适位置,然后按住左键并向右下方拖动鼠标至合适的位置,创建第 2 个控点,如图 5-7(a)所示。此时,图像的效果如图 5-7(b)所示。单击"确定"按钮,关闭"曲线"对话框。

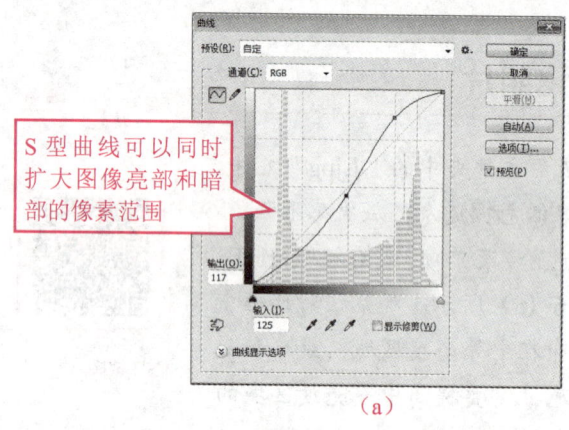

（a）　　　　　　　　　　　　　（b）

图 5-7　使用"曲线"命令调整图像的色调

步骤 5 选择"图像"→"调整"→"亮度/对比度"菜单项,打开"亮度/对比度"对话框。拖动其中的滑块或输入参数[见图 5-8(a)],设置图像的亮度和对比度。此时,图像的效果如图 5-8(b)所示。单击"确定"按钮,关闭"亮度/对比度"对话框。至此,照片就修正和美化完了。

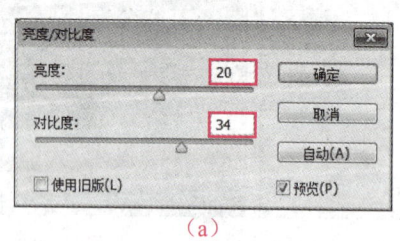

（a）　　　　　　　　　　　　　（b）

图 5-8　使用"亮度/对比度"命令调整图像的色调

小技巧

在使用"色阶""曝光度""亮度/对比度"和"曲线"命令调整图像时,软件会弹出相应的对话框。如果对调整结果不满意,则按住"Alt"键,相应对话框中的"取消"按钮将变成"复位"按钮。单击该按钮,可将在当前对话框中设置的参数恢复至默认设置。

项目五　调整图像的色调和色彩

课堂实训——增强画面的质感

利用本任务所学的知识调整如图 5-9（a）所示照片的色调，以增强画面的质感，调整后的效果如图 5-9（b）所示。本实训的最终效果见本书配套素材"项目五"文件夹中的"增强画面的质感.jpg"。

（a）　　　　　　　　　　　　　　　（b）

图 5-9　增强画面的质感前、后效果

提示：

打开本书配套素材"项目五"文件夹中的"2.jpg"文件，使用"色阶"命令调整图像中间调和高光的强度，然后使用"亮度/对比度"命令调整图像的亮度和对比度，最后使用"曝光度"命令提高图像局部区域的亮度。

知识拓展——色调均化和色调分离

一、色调均化

使用"色调均化"命令可重新分布图像像素的亮度，增强颜色相近的像素间的对比度。选中要调整色调的图像或图像所在的图层，然后选择"图像"→"调整"→"色调均化"菜单项，可将图像中最亮的像素转换为白色、最暗的像素转换为黑色，并且调整其他像素的亮度。

二、色调分离

使用"色调分离"命令可通过设置色阶数来减少图像中色彩的数量。选中要调整色调的图像或图像所在的图层，然后选择"图像"→"调整"→"色调分离"菜单项，打开"色调分离"对话框，拖动其中的"色阶"滑块，可控制图像变化的剧烈程度。"色阶"编辑框中的数值越小，图像变化越大；反之，图像变化越小，如图5-10所示。

 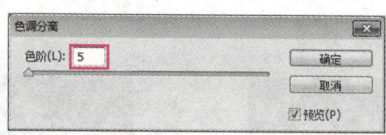 

图5-10　使用"色调分离"命令调整图像

探讨分享

打开本书配套素材"项目五"文件夹中的"增强画面的质感.jpg"文件，使用"色调均化"和"色调分离"命令调整图像的色调，然后分享这两个命令的功能。

任务二　制作百花争艳图——调整图像的色彩

任务说明

在 Photoshop 中，可使用"自然饱和度""色相/饱和度""色彩平衡""黑白"和"变化"命令调整图像的色彩。下面通过制作如图5-11所示的百花争艳图，学习调整图像色彩的方法。

素材：素材与实例\项目五\4.jpg～10.jpg

效果：素材与实例\项目五\百花争艳图.psd

图5-11　百花争艳图

相关知识

一、自然饱和度

使用"自然饱和度"命令可以调整图像的饱和度。选中要调整色彩的图像或图像所在的图层，然后选择"图像"→"调整"→"自然饱和度"菜单项，打开"自然饱和度"对话框，拖动其中的滑块，可调整图像的自然饱和度和饱和度，如图5-12所示。

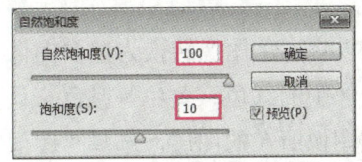

图5-12 使用"自然饱和度"命令调整图像的色彩

> **小贴士**
>
> 图5-12中的"自然饱和度"和"饱和度"滑块均用于调整图像的色彩，但是在使用"自然饱和度"滑块调整图像的色彩时，软件会自动保护某些特殊的颜色区域（如人的皮肤等），以免因饱和度过高而出现颜色过渡不自然、细节丢失等问题。

二、色相/饱和度

使用"色相/饱和度"命令可以调整图像中所有颜色或特定颜色的色相、饱和度和明度，也可以为黑白图像上色。选中要调整色彩的图像或图像所在的图层，然后选择"图像"→"调整"→"色相/饱和度"菜单项，或者按"Ctrl+U"快捷键，打开"色相/饱和度"对话框，拖动其中的滑块，可调整图像的色相、饱和度和明度，如图5-13所示。

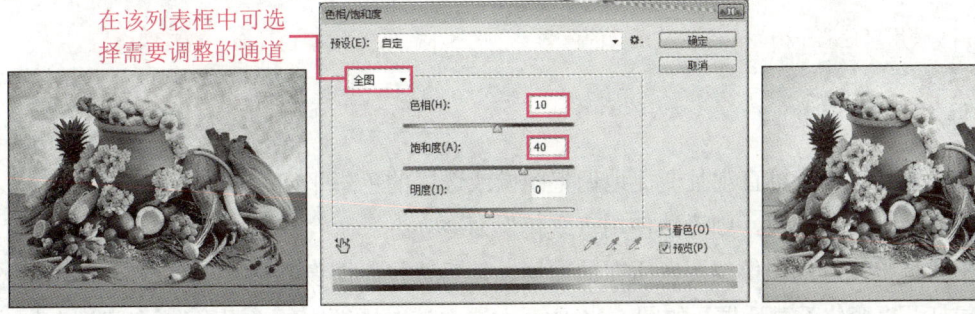

图5-13 使用"色相/饱和度"命令调整图像的色彩

三、色彩平衡

使用"色彩平衡"命令可以单独调整图像的阴影、中间调和高光的色彩。通常使用该命令解决图像的偏色问题。

选中要调整色彩的图像或图像所在的图层，然后选择"图像"→"调整"→"色彩平衡"菜单项，或者按"Ctrl+B"快捷键，打开"色彩平衡"对话框，如图 5-14 所示。在"色调平衡"设置区中选择需要调整的色调，然后拖动上方的滑块，即可调整图像的色彩。

四、黑白

使用"黑白"命令不仅可以将彩色图像转换为黑白图像，调整黑白图像的色相、饱和度，还可以通过分别调整原图像中的红色、黄色等颜色来调整黑白图像的亮度。

选中要调整色彩的图像或图像所在的图层，选择"图像"→"调整"→"黑白"菜单项，打开"黑白"对话框。此时，彩色图像变为黑白图像。拖动对话框中的滑块，可调整黑白图像的亮度。若勾选对话框中的"色调"复选框并拖动其下的滑块，则可调整黑白图像的色相和饱和度，如图 5-15 所示。

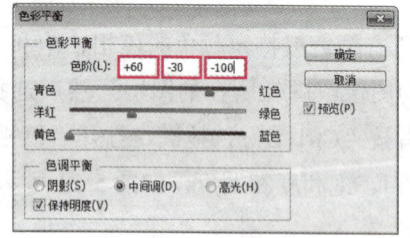
图 5-14 使用"色彩平衡"命令调整图像的色彩

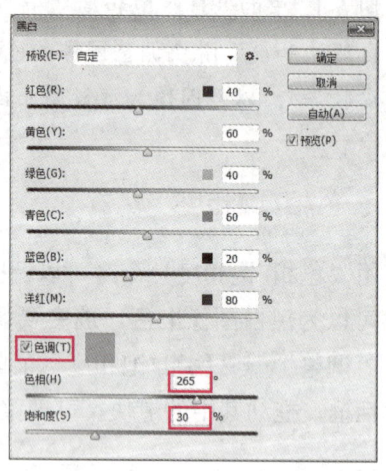
图 5-15 使用"黑白"命令调整图像的色彩

五、变化

使用"变化"命令可直观且便捷地调整图像或选区的色彩平衡、对比度和饱和度。若要调整的图像为索引模式，则无法使用"变化"命令。

选中要调整色彩的图像或图像所在的图层，然后选择"图像"→"调整"→"变化"菜单项，打开"变化"对话框，如图 5-16 所示。选中该对话框中的"阴影""中间调""高光"或"饱和度"单选钮，在缩览图中单击需要的图像（可多次单击，以加深相应的色彩），最后单击"确定"按钮，即可调整图像的色彩。

项目五　调整图像的色调和色彩

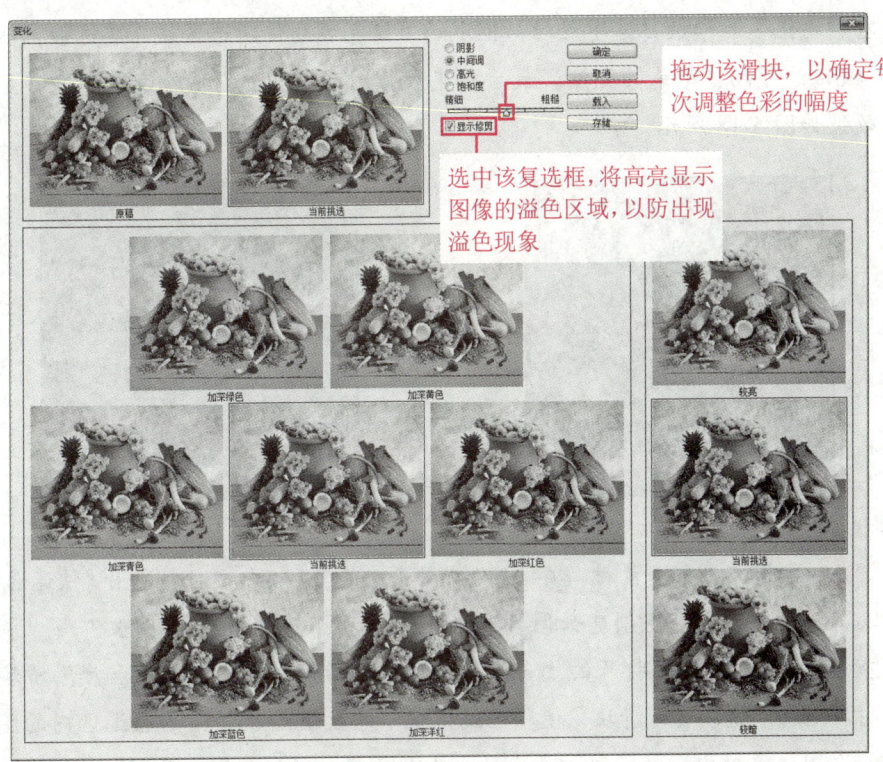

图 5-16　"变化"对话框

> **做一做**
>
> 打开本书配套素材"项目五"文件夹中的"3.jpg"文件，使用"自然饱和度""色相/饱和度""色彩平衡""黑白"和"变化"命令调整图像的色彩。

任务实施——制作百花争艳图

步骤 1　打开本书配套素材"项目五"文件夹中的"4.jpg"和"5.jpg"文件。将"5.jpg"图像窗口设为当前窗口，选择"图像"→"调整"→"变化"菜单项，打开"变化"对话框。确保"中间调"单选钮处于选中状态，滑块位于中间位置，然后单击 6 次"加深黄色"图像和 1 次"较亮"图像，最后单击"确定"按钮。此时，花朵已变成黄色。

制作百花争艳图

步骤 2　使用"快速选择工具" 在黄色花朵处创建选区，然后将选区内的图像复制到"4.jpg"图像窗口中，接着调整该图像的大小和位置，效果如图 5-17 所示。

步骤 3　打开本书配套素材"项目五"文件夹中的"6.jpg"文件，使用"磁性套索工具" 在紫色花朵处创建选区，然后选择"图像"→"调整"→"色调均化"菜单项，

123

打开"色调均化"对话框。选中该对话框中的"仅色调均化所选区域"单选钮，然后单击"确定"按钮，可调整花朵的亮度，最后将花朵复制到"4.jpg"图像窗口中并移至合适的位置，效果如图5-18所示。

图5-17　复制、缩放并移动图像（1）　　　　图5-18　复制并移动花朵

步骤4　打开本书配套素材"项目五"文件夹中的"7.jpg"文件。使用"快速选择工具"或"磁性套索工具"创建如图5-19所示的选区，然后选择"图像"→"调整"→"自然饱和度"菜单项，在打开的"自然饱和度"对话框中将"自然饱和度"滑块拖至最右端，向右拖动"饱和度"滑块，使相应编辑框中的数值为85，最后将选区内的图像复制到"4.jpg"图像窗口中，并调整该图像的大小和位置，效果如图5-20所示。

图5-19　创建选区　　　　图5-20　复制、缩放并移动图像（2）

步骤5　打开本书配套素材"项目五"文件夹中的"8.jpg"文件。使用"魔棒工具"和"反向"命令创建如图5-21（a）所示的选区，然后选择"图像"→"调整"→"色相/饱和度"菜单项，在打开的"色相/饱和度"对话框中设置参数，如图5-21（b）所示。设置完成后单击"确定"按钮，再将选区内的图像复制到"4.jpg"图像窗口中，并调整该图像的大小和位置，效果如图5-21（c）所示。

步骤6　打开本书配套素材"项目五"文件夹中的"9.jpg"文件。使用"魔棒工具"和"反向"命令创建如图5-22（a）所示的选区，然后选择"图像"→"调整"→"黑白"菜单项，在打开的"黑白"对话框中设置参数，如图5-22（b）所示。设置完成后单击"确定"按钮,将选区内的图像复制到"4.jpg"图像窗口中,并调整该图像的大小和位置,效果如图 5-22(c)所示。

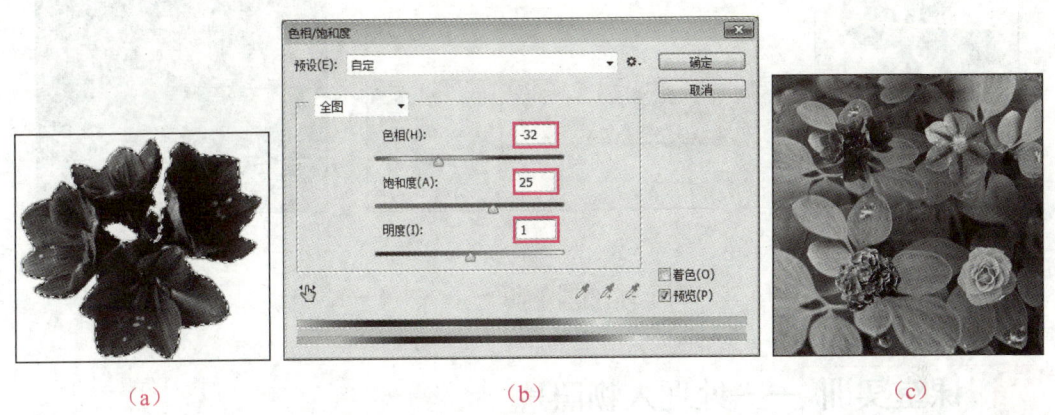

图 5-21 调整选区内图像的色彩、大小和位置(1)

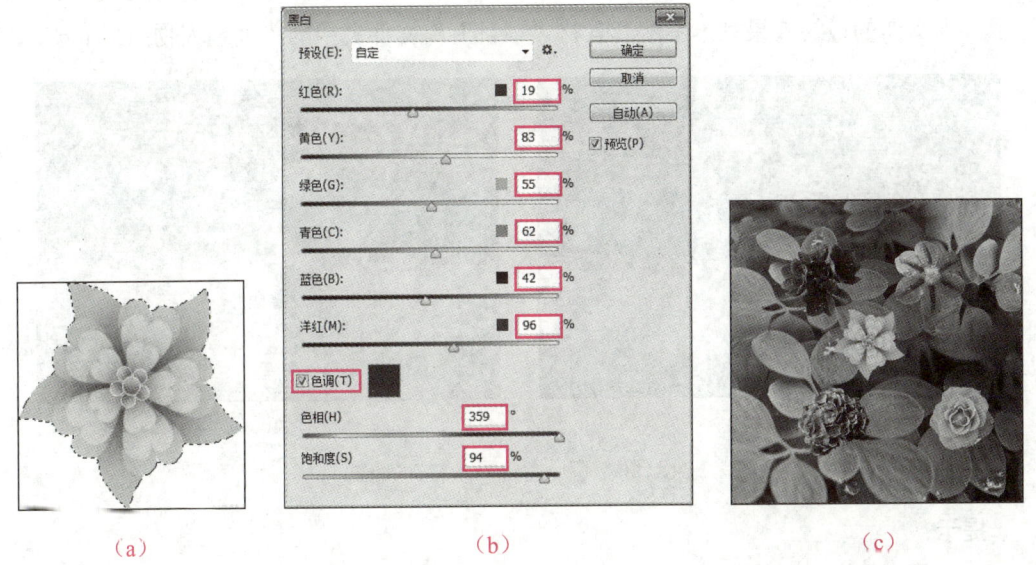

图 5-22 调整选区内图像的色彩、大小和位置(2)

步骤 7 打开本书配套素材"项目五"文件夹中的"10.jpg"文件。使用"魔棒工具"和"反向"命令创建如图 5-23(a)所示的选区,然后选择"图像"→"调整"→"色调分离"菜单项,在打开的"色调分离"对话框中设置参数,如图 5-23(b)所示。设置完成后单击"确定"按钮,将选区内的图像复制到"4.jpg"图像窗口中,并调整该图像的大小和位置,效果如图 5-23(c)所示。至此,百花争艳图就制作完成了。

125

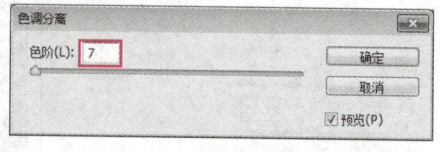

（a） （b） （c）

图 5-23 调整选区内图像的色彩、大小和位置（3）

课堂实训——处理人物照片

利用本任务所学的知识处理如图 5-24（a）所示的人物照片，处理效果如图 5-24（b）所示。本实训的最终效果见本书配套素材"项目五"文件夹中的"处理人物照片.jpg"。

（a） （b）

图 5-24 人物照片处理前、后效果

提示：

（1）打开本书配套素材"项目五"文件夹中的"11.jpg"文件，使用"曲线"命令提高图像的亮度和对比度，然后使用"自然饱和度"命令提高图像的饱和度。

（2）执行"饱和度"命令，在"色相/饱和度"对话框的"全图"下拉列表中选择"黄色"，然后在"饱和度"编辑框中输入"26"。采用同样的方法调整"绿色"通道中的颜色，以提高花和树的饱和度。

（3）执行"曝光度"命令，通过调整"曝光度"和"位移"编辑框中的数值，提高图像的亮度。

项目五 调整图像的色调和色彩

任务三 制作唯美写真——调整图像的色彩

任务说明

除了使用在任务二中介绍的"自然饱和度""色相/饱和度""色彩平衡"等命令调整图像的色彩外，还可以使用"匹配颜色""替换颜色""可选颜色""通道混合器""颜色查找"等命令调整图像的色彩。下面通过制作如图 5-25 所示的唯美写真，继续学习调整图像色彩的方法。

素材：素材与实例\项目五\13.jpg、14.psd 和 15.psd
效果：素材与实例\项目五\唯美写真.psd

图 5-25 唯美写真

相关知识

一、匹配颜色

使用"匹配颜色"命令可使一幅图像（目标图像）中的颜色与另一幅图像（源图像）中的颜色匹配，常用于优化画面色彩的协调性。打开目标图像和源图像，选中目标图像，然后选择"图像"→"调整"→"匹配颜色"菜单项，打开"匹配颜色"对话框。在该对话框的"源"列表框中选择源图像的名称，然后拖动"图像选项"设置区中的滑块，可对目标图像的颜色进行调整，如图 5-26 所示。

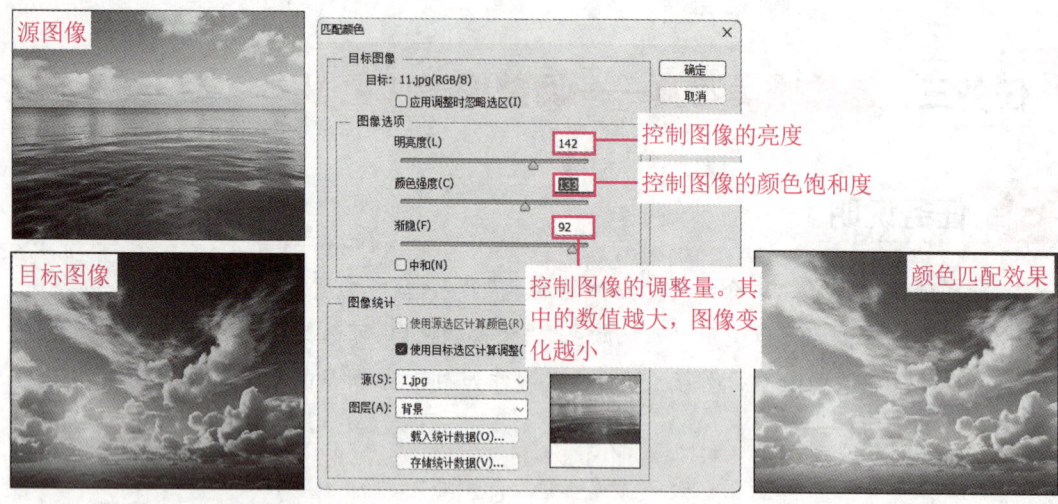

图 5-26 使用"匹配颜色"命令调整图像的色彩

二、替换颜色

使用"替换颜色"命令可以调整图像中特定颜色范围的色相、饱和度、明度，与"色相/饱和度"命令的功能类似。选中要调整色彩的图像或图像所在的图层，然后选择"图像"→"调整"→"替换颜色"菜单项，打开"替换颜色"对话框。在图像窗口中的合适位置单击进行取样，然后拖动"颜色容差"滑块，调整取样范围，最后拖动该对话框下方的 3 个滑块，调整所选颜色的色相、饱和度和明度。

三、可选颜色

使用"可选颜色"命令可以调整图像中的任意主要颜色，如红、黄、绿、青、蓝等。常用该命令调整图像的颜色，或者解决图像色彩不平衡问题。

选中要调整色彩的图像或图像所在的图层，然后选择"图像"→"调整"→"可选颜色"菜单项，打开"可选颜色"对话框（见图 5-27），接着在"颜色"列表框中选择要调整的颜色并拖动滑块，可调整所选颜色。

> **小贴士**
>
> "颜色"列表框中的"白色"代表图像的高光，"中性色"代表图像的中间调，"黑色"代表图像的阴影。

四、通道混合器

使用"通道混合器"命令可在"源通道"设置区中调整"输出通道"列表框中所选通道的颜色。

选中要调整色彩的图像或图像所在的图层，然后选择"图像"→"调整"→"通道混合器"菜单项，打开"通道混合器"对话框（见图 5-28），接着在"输出通道"列表框中选择要调整颜色的通道，拖动"源通道"设置区中的滑块，可调整所选通道的颜色。

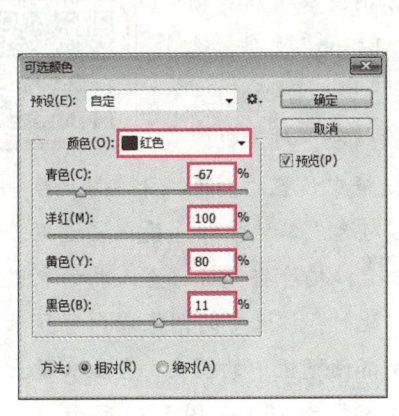

图 5-27 "可选颜色"对话框

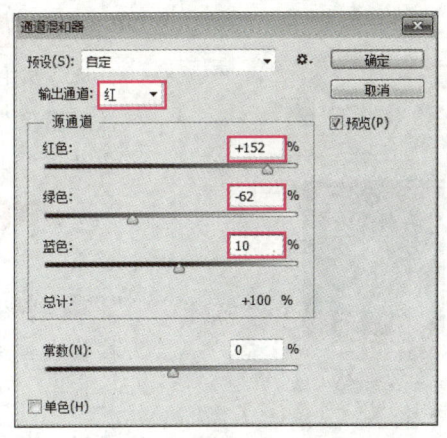

图 5-28 "通道混合器"对话框

做一做

打开本书配套素材"项目五"文件夹中的"3.jpg"文件，参照图 5-27 和图 5-28 中的参数，使用"可选颜色"和"通道混合器"命令调整图像的色彩。

五、颜色查找

使用"颜色查找"命令可以模拟传统胶片色彩、电影级调色风格及其他个性化调色风格。选中要调整色彩的图像或图像所在的图层，然后选择"图像"→"调整"→"颜色查找"菜单项，打开"颜色查找"对话框（见图 5-29），在"3DLUT 文件"单选钮（默认为选中状态）右侧的列表框中选择软件预设的调色方案，可为图像添加相应的调色效果。

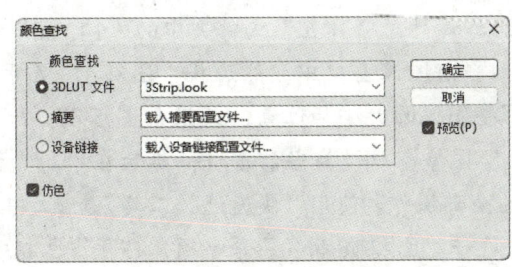

图 5-29 "颜色查找"对话框

任务实施——制作唯美写真

制作唯美写真

步骤 1 打开本书配套素材"项目五"文件夹中的"13.jpg"文件。选择"图像"→"调整"→"替换颜色"菜单项，打开"替换颜色"对话框。

步骤 2 在对话框中设置"颜色容差"为161，然后勾选"本地化颜色簇"复选框，单击"添加到取样"按钮 ，接着将光标移至人物的衣服上，按住左键进行涂抹。此时，被选中的图像以白色显示在预览框中。边涂抹边观察预览框中的图案，直至衣服被全部选中，最后设置"色相"为39，如图5-30所示。

步骤 3 若对替换颜色后的效果满意，则单击对话框中的"确定"按钮。否则，使用"添加到取样"按钮 和"从取样中减去"按钮 继续取样，直至满意。

图5-30 创建选区并设置参数

小贴士

在创建选区时，既可以在图像窗口中进行涂抹，也可以在预览框中进行涂抹。若不小心选中了多余的图像，则可单击"替换颜色"对话框中的"从取样中减去"按钮 ，然后在要减去的区域内按住左键并拖动鼠标进行涂抹。

步骤 4 使用"快速选择工具" 创建如图5-31所示的选区，然后按"Ctrl+Shift+I"快捷键，选中人物图像，接着单击工具属性栏中的"调整边缘"按钮，打开"调整边缘"对话框，将其中的"平滑""羽化""对比度""移动边缘"滑块分别拖至19像素、5像素、50%和-15%左右，最后按"Ctrl+C"快捷键，将人物图像复制到剪贴板上。

步骤 5 打开本书配套素材"项目五"文件夹中的"14.psd"文件，按"Ctrl+V"快捷键，将人物图像粘贴到当前图像窗口中，然后将"图层1"置于"图层0"下方，接着按"Ctrl+T"快捷键，调整图像的大小和位置，效果如图5-32所示。

步骤 6 将"13.jpg"图像窗口设为当前窗口，然后在"历史记录"调板的快照区单击，取消对该图像所做的全部操作。使用"快速选择工具" 选中人物手中的中国结，然后选择"图像"→"调整"→"色相/饱和度"菜单项，打开"色相/饱和度"对话框，在其中设置参数（见图5-33），将红色中国结中心的颜色变成黄色。

步骤 7 将"13.jpg"图像窗口设为当前窗口，取消选区，然后选择"图像"→"调整"→"颜色查找"菜单项，打开"颜色查找"对话框，在"摘要"列表框中选择"Gold-Crimson"选项（见图5-34），最后单击"确定"按钮。

项目五　调整图像的色调和色彩

图 5-31　创建选区

图 5-32　复制并移动人物图像

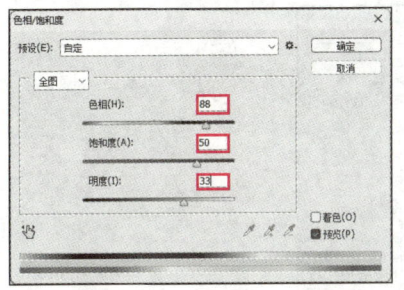
图 5-33　"可选颜色"对话框

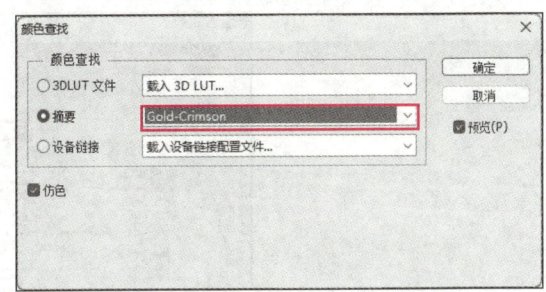
图 5-34　"颜色查找"对话框

步骤 8　将"14.psd"图像窗口设为当前窗口，选择"自定形状工具" ，在工具属性栏的"选择工具模式"列表框中选择"路径"选项，在"形状"列表框中选择"红心形卡"选项，然后将光标移至图像窗口中的合适位置，按住左键并拖动鼠标，绘制心形路径，然后按"Ctrl+Enter"快捷键，将路径转换为选区，效果如图 5-35 所示。

> **小贴士**
>
> 若绘制的路径大小不合适，则可单击"图层 2"中的"图层蒙版缩览图"图标，然后按"Ctrl+T"快捷键，利用出现的变换框调整心形路径。

步骤 9　将"13.jpg"图像窗口设为当前窗口，按"Ctrl+A"和"Ctrl+C"快捷键，将人物图像复制到剪贴板上，然后将"14.psd"图像窗口设为当前窗口，选择"编辑"→"选择性粘贴"→"贴入"菜单项，以粘贴图像，接着按"Ctrl+T"快捷键，调整图像的大小和位置，并将图像水平翻转，最后将当前图层的"不透明度"设为 70%、"混合模式"设为正常，效果如图 5-36 所示。

步骤 10　将"14.psd"文件复制一份，然后打开"14-副本.psd"和"15.psd"，将"15.psd"中的文字图像复制到"14.psd"图像窗口中并调整其大小和位置。选择"图像"→"调整"→"匹配颜色"菜单项，打开"匹配颜色"对话框，在"源"列表框中选择"14-副本.psd"选项，其他参数参照图 5-37 进行设置，最后单击"确定"按钮，可得到如图 5-25 所示的效果。至此，唯美写真就制作完成了。

图 5-35　创建心形选区

图 5-36　粘贴图像并对其进行调整

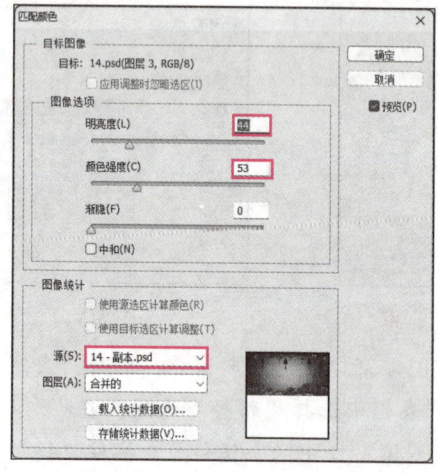
图 5-37　"匹配颜色"对话框参数设置

课堂实训——改变背景色和人物服饰的颜色

利用本任务所学的知识改变如图 5-38（a）所示图像的背景色和人物服饰的颜色，效果如图 5-38（b）所示。本实训的最终效果见本书配套素材"项目五"文件夹中的"改变背景色和人物服饰的颜色.jpg"。

（a）

（b）

图 5-38　背景色和人物服饰颜色改变前、后效果

项目五　调整图像的色调和色彩

提示：

打开本书配套素材"项目五"文件夹中的"16.jpg"文件，使用"替换颜色"命令分别改变背景色和人物服饰的颜色。

任务四　制作怀旧照片——调整图像的色调和色彩

任务说明

除了本项目前 3 个任务介绍的命令外，调整图像色调和色彩的常用命令还有"阴影/高光""渐变映射""照片滤镜""去色"和"反相"。下面通过制作如图 5-39 所示的怀旧照片，继续学习调整图像色调和色彩的方法。

素材：素材与实例\项目五\17.jpg 和 18.jpg
效果：素材与实例\项目五\怀旧照片.psd

图 5-39　怀旧照片

相关知识

一、阴影/高光

使用"阴影/高光"命令可以对图像中的阴影和高光区域的亮度进行独立调整。选中要调整的图像或图像所在的图层，然后选择"图像"→"调整"→"阴影/高光"菜单项，打开"阴影/高光"对话框，拖动其中的滑块，可对图像进行相应的调整，如图 5-40 所示。

 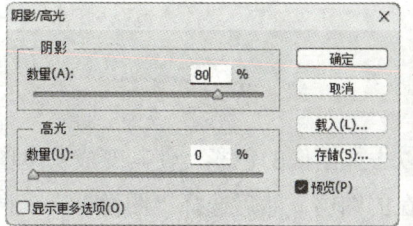 

图 5-40　使用"阴影/高光"命令调整图像

133

二、渐变映射

在使用"渐变映射"命令时,软件会先将图像转换为灰度,然后用设置的渐变颜色来映射图像中的各级灰度。使用"渐变映射"命令可将灰度偏高、不够通透的图像变得通透,也可制作特殊的图像效果。

选中要调整的图像或图像所在的图层,然后选择"图像"→"调整"→"渐变映射"菜单项,打开"渐变映射"对话框。单击其中的渐变条,在打开的"渐变编辑器"对话框的"预设"设置区中选择软件预设的渐变方案,然后根据设计需要,调整渐变颜色,如图 5-41 所示。

 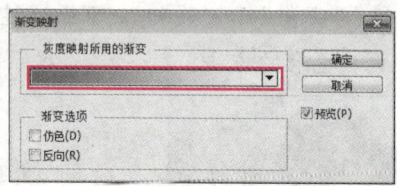 

图 5-41　使用"渐变映射"命令调整图像

三、照片滤镜

使用"照片滤镜"命令可通过模拟光学滤镜效果对图像进行色彩校正和氛围渲染。选中要调整的图像或图像所在的图层,然后选择"图像"→"调整"→"照片滤镜"菜单项,打开"照片滤镜"对话框,如图 5-42 所示。选中其中的"滤镜"单选钮,在其右侧的列表框中可选择加温滤镜、冷却滤镜或色彩补偿滤镜;或者单击颜色色块,在打开的"拾色器"对话框中选择一种颜色,为图像添加相应颜色的滤镜效果。此外,拖动"照片滤镜"对话框中的滑块,可调整滤镜效果的强度。

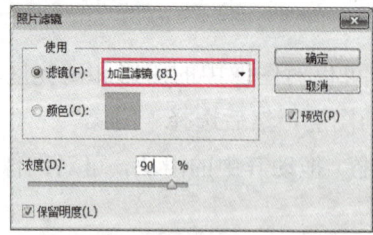

图 5-42　"照片滤镜"对话框

四、去色

使用"去色"命令可以去掉图像的色彩,使其变成灰度图,但不改变其色彩模式。选中要调整的图像或图像所在的图层,然后选择"图像"→"调整"→"去色"菜单项,或者按"Shift+Ctrl+U"快捷键,可去掉图像的色彩。

五、反相

使用"反相"命令可将图像中的色彩转换为对应的互补色，常用于制作负片效果、特殊视觉效果等。例如，在使用"反相"命令时，亮度值为 255 的像素（纯白色）被转换后的亮度值为 0（纯黑色），亮度值为 5 的像素被转换后的亮度值为 250，而中间调 128 将保持不变。对图 5-43（a）中的图像执行使用"反相"命令后的效果如图 5-43（b）所示。再次执行"反相"命令，可恢复图像初始时的色彩。

(a)   (b)

图 5-43 将图像反向前、后效果

任务实施——制作怀旧照片

步骤 1 打开本书配套素材"项目五"文件夹中的"17.jpg"文件。将"图层"调板中的"背景"图层拖至该调板底部的"创建新图层"按钮 上，然后松开左键，可将"背景"图层复制一份，得到"背景 拷贝"图层。

制作怀旧照片

步骤 2 选择"图像"→"调整"→"阴影/高光"菜单项，打开"阴影/高光"对话框，参照图 5-44 设置参数，最后单击"确定"按钮，完成图像中阴影和高光亮度的调整。

步骤 3 选择"图像"→"调整"→"去色"菜单项，去掉图像中的色彩。

步骤 4 选择"图像"→"调整"→"照片滤镜"菜单项，打开"照片滤镜"对话框，参照图 5-45（a）设置参数，最后单击"确定"按钮，为图像添加滤镜，效果如图 5-45（b）所示。

步骤 5 单击"图层"调板下方的"创建新的填充或调整图层"按钮 ，在弹出的快捷菜单中选择"渐变映射"菜单项，打开"渐变映射"调板。单击该调板中的渐变条，在打开的"渐变编辑器"对话框中分别设置左右两个色标的颜色，最后单击"确定"按钮，效果如图 5-46（a）所示。此时，图像窗口中的效果如图 5-46（b）所示。从"图层"调板中可以看出，软件自动生成了"渐变映射"调整层。

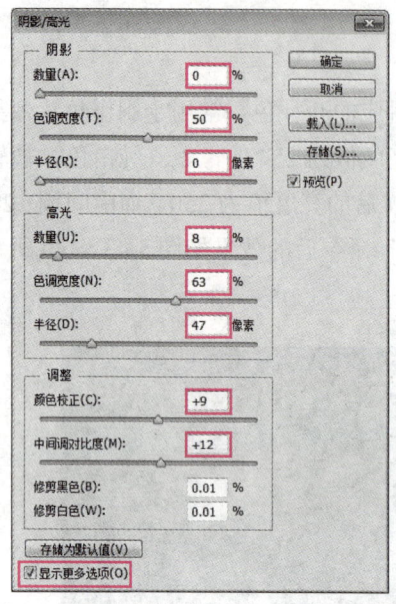
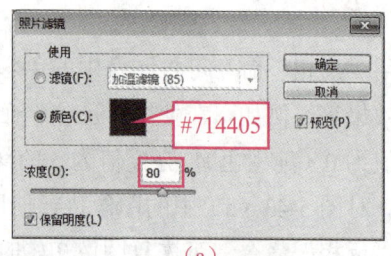

图 5-44　"阴影/高光"对话框　　　　图 5-45　为图像添加滤镜

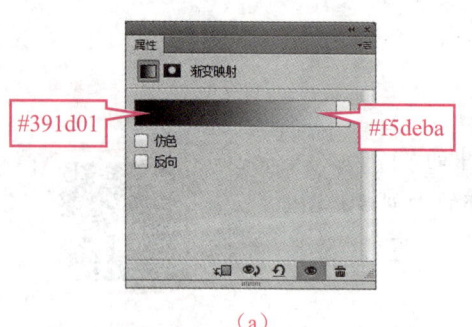

图 5-46　使用"渐变映射"命令调整图像

> **小贴士**
>
> 关于调整层的知识，将在项目六中详细介绍。

步骤 6　选择"图层"调板中的"渐变映射 1"调整图层，将其"混合模式"设为叠加，"不透明度"设为 30%。

步骤 7　单击"直排文字工具" ，在工具属性栏中设置"字体"为书体坊米芾体，"字体大小"为 10 点，"文本颜色"为淡蓝色，如图 5-47（a）所示。在图像窗口左侧的合适位置单击，然后输入"一九七五年留影"，最后单击"提交所有当前编辑"按钮 ，得到如图 5-47（b）所示的效果。

项目五　调整图像的色调和色彩

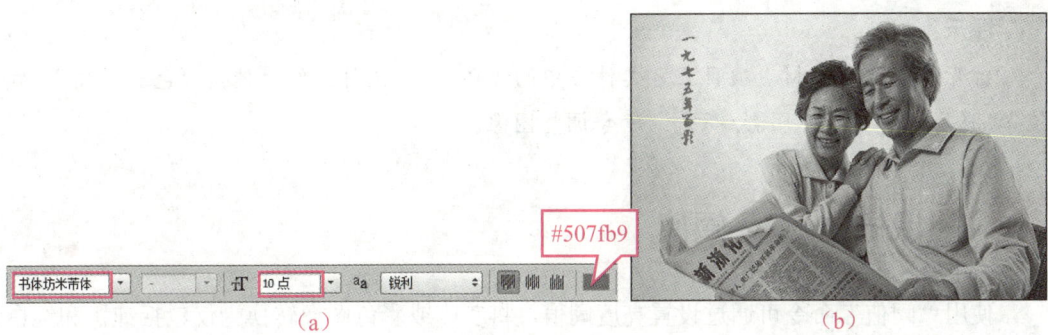

（a）　　　　　　　　　　　　　　　　（b）

图 5-47　输入文本

> **小贴士**
>
> 若"字体"列表框中没有"书体坊米芾体"选项，则可右击本书配套素材"字体"文件夹中的"书体坊米芾体.ttf"文件，在弹出的快捷菜单中选择"安装"菜单项，安装该字体。
>
> 为了方便后续学习，请读者参照上述方法，安装"字体"文件夹中的其余字体。

步骤 8　选中文字所在的图层并右击，在弹出的快捷菜单中选择"栅格化文字"菜单项，将文字转换为位图。选择"图像"→"调整"→"反相"菜单项，然后将当前图层的"不透明度"设为 80%。

步骤 9　打开本书配套素材"项目五"文件夹中的"18.jpg"文件，然后将背景图像复制到"17.jpg"图像窗口中，并设置背景图像所在图层的"混合模式"为柔光，"不透明度"为 80%，图像效果如图 5-39 所示。至此，怀旧照片就制作完成了。

课堂实训——制作版画

利用本任务所学的知识和如图 5-48（a）所示的照片，制作如图 5-48（b）所示的版画。本实训的最终效果见本书配套素材"项目五"文件夹中的"版画.jpg"。

（a）　　　　　　　　（b）

图 5-48　照片和版画

提示：

打开本书配套素材"项目五"文件夹中的"19.jpg"文件，依次使用"色彩平衡""阈值""照片滤镜"和"阴影/高光"命令调整图像。

知识拓展——阈值

使用"阈值"命令可通过设置亮度阈值，将灰度或彩色图像转换为仅包括纯黑和纯白两种色调的黑白图像。选中要调整的图像或图像所在的图层，然后选择"图像"→"调整"→"阈值"菜单项，打开"阈值"对话框。拖动该对话框中的滑块，可设置亮度阈值。此时，图像中所有亮度值大于该亮度阈值的像素将映射为白色，所有亮度值小于该亮度阈值的像素将映射为黑色，如图 5-49 所示。

 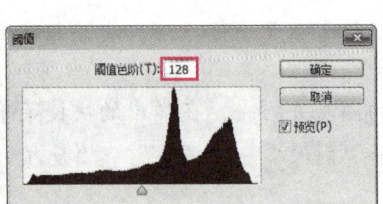 

图 5-49　使用"阈值"命令调整图像

项目自测

利用本项目所学的知识为如图 5-50（a）所示的黑白照片着色，着色效果如图 5-50（b）所示。案例的最终效果见本书配套素材"项目五"文件夹中的"为黑白照片着色.psd"。

（a）　　　　　　　　　　　　　　（b）

图 5-50　为黑白照片着色前、后效果

提示：

(1) 打开本书配套素材"项目五"文件夹中的"20.psd"文件，然后将图像的模式设置为 RGB 颜色。

(2) 选择"选择"→"载入选区"菜单项，打开"载入选区"对话框，在"通道"列表框中选择"皮肤"选项，然后单击"确定"按钮，载入皮肤选区，接着将该选区的边缘羽化 2 个像素。打开"色相/饱和度"对话框，勾选"着色"复选框，然后设置色相、饱和度和明度，最后单击"确定"按钮，完成人物皮肤的着色操作。

(3) 打开"曲线"对话框，在"通道"列表框中选择"红"选项，然后增加该通道的亮度，使人物的皮肤变得红润，有光泽。

(4) 打开"载入选区"对话框，在"通道"列表框中选择"嘴唇和花朵"选项，载入相应选区，然后将该选区的边缘羽化 1 个像素，接着使用"色相/饱和度"命令为该选区着色。

(5) 载入头发和眉毛选区，将该选区的边缘羽化 2 个像素，然后使用"色相/饱和度"命令为该选区着色。

(6) 载入"牙齿"选区，将该选区的边缘羽化 1 个像素，然后使用"亮度/对比度"命令使牙齿变白。

(7) 使用"色阶"命令调整整幅图像的亮度，以增强图像的层次感。

项目六

使用图层和蒙版

图层如同透明的纸，不同图层中放置着不同的图像，读者可单独对每个图层中的图像进行编辑。蒙版则是图层的附加组件。借助蒙版，读者可精确地控制图层内容的可见区域，实现图像间的自然融合。合理地使用图层和蒙版不仅可以制作复杂、丰富的效果，还能有效提高设计的效率。本项目将详细介绍图层和蒙版的相关知识。

素质目标

▶ 培养创新意识、形象思维和审美素养，合理使用蒙版制作各种具有独特创意和文化内涵的作品。

▶ 通过不断观察、学习和实践，培养丰富的想象力，从而提高创新能力和艺术表达能力。

知识目标

▶ 了解图层的类型和"图层"调板的功能。

▶ 掌握图层的基本操作和管理。

▶ 掌握添加图层样式、编辑图层样式和添加内置样式的方法。

▶ 掌握图层蒙版、矢量蒙版、剪贴蒙版的功能和使用方法。

▶ 了解图层蒙版的编辑方法。

▶ 掌握调整图层和填充图层的使用方法。

能力目标

▶ 能够使用普通图层、图层样式和内置样式制作特效文字、按钮、图标等。

▶ 能够使用蒙版和带蒙版的图层，完成复杂图像的合成与创意设计。

项目六　使用图层和蒙版

任务一　制作个性邮票广告——使用普通图层

任务说明

在处理图像的过程中，经常需要对图层进行隐藏、显示、锁定、解锁、合并、对齐等操作。当一幅作品中的图层过多时，还需要对图层进行编组。下面通过制作如图 6-1 所示的个性邮票广告，学习普通图层的基本操作。

素材：素材与实例\项目六\14.jpg、15.psd 和 16.jpg

效果：素材与实例\项目六\个性邮票广告.psd

图 6-1　个性邮票广告

相关知识

一、图层的类型

一般情况下，图层与图层是相互独立的，对某一图层进行的操作不会影响其他图层。Photoshop 中的图层包括背景图层、普通图层、效果图层、文本图层、填充图层、调整图层、形状图层和智能对象，如图 6-2 所示。

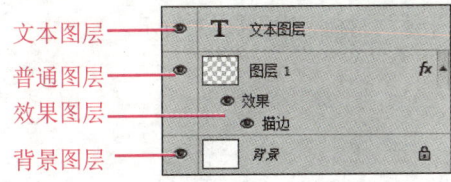
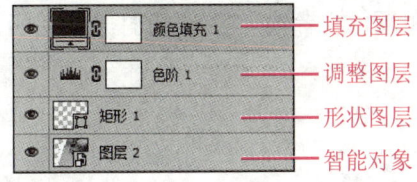

图 6-2　图层的类型

141

各图层的功能如下：

（1）背景图层：新建的文件中只有一个图层，即背景图层。背景图层位于"图层"调板最下方，读者既无法移动其中的图像（选区内的图像除外）和调整该图层的不透明度，也无法对该图层添加图层样式和蒙版，但是可以使用绘图工具在该图层中绘画，或者使用"图像"→"调整"菜单中的菜单项对该图层中的图像进行编辑。

（2）普通图层：该图层是最基本、最常用的图层，主要用于存放图像。读者既可以对该图层中的图像进行移动和调整其不透明度，也可以对该图层添加图层样式和蒙版，还可以在该图层中绘画，或者使用"图像"→"调整"菜单中的菜单项对该图层中的图像进行编辑。

（3）效果图层：效果图层是在添加图层样式时，软件自动创建的图层。效果图层显示在应用该效果的图层下方。

（4）填充图层和调整图层：填充图层用于调整图像的填充颜色，调整图层用于调整图像的色调和色彩。在填充图层和调整图层中进行的操作会影响其下方所有图层的显示效果，但是删除这两个图层不会影响其下方图层的设置。

（5）形状图层：在使用"矩形工具" ▭ 、"多边形工具" ⬢ 等绘制形状时，软件自动创建的图层就是形状图层。该图层只能用来存放形状。

（6）智能对象：智能对象是保留图像源内容及其所有原始数据的图层，在对其中的图像进行移动、缩放、旋转等操作时，不会降低图像的质量。

> **小贴士**
>
> 读者无法直接创建背景图层，但是可将普通图层转换为背景图层。转换时，应先在"图层"调板中选中要转换的普通图层，然后选择"图层"→"新建"→"图层背景"菜单项。若要将背景图层转换为普通图层，则可在按住"Alt"键后双击背景图层，或者双击背景图层，在打开的"新建图层"对话框中进行操作。

二、"图层"调板

在 Photoshop 中，对图层的操作和管理主要通过"图层"调板和"图层"菜单中的菜单项来完成。对图层的所有操作几乎都可以在"图层"调板中完成。选择"窗口"→"图层"菜单项，或者按"F7"，可打开或关闭"图层"调板，如图 6-3 所示。

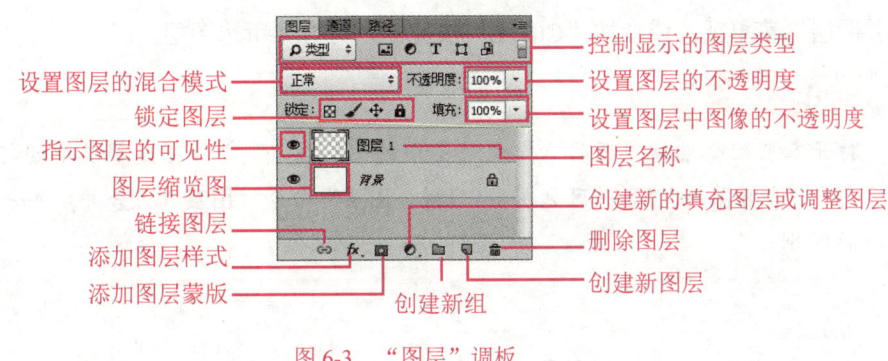

图6-3 "图层"调板

三、图层的基本操作

（一）调整图层的顺序

在"图层"面板中，上方图层中的图像会遮挡下方图层中的图像。通过调整图层的顺序，可改变图像的显示效果。选中要调整顺序的图层，将其拖至所需位置，即可调整图层的顺序。

> **小技巧**
>
> 按"Ctrl+["或"Ctrl+]"快捷键，可将当前图层下移或上移一层；按"Shift+Ctrl+["或"Shift+Ctrl+]"快捷键，可将当前图层移至"图层"调板的最底层（即背景图层的上方）或最顶层。

（二）隐藏和显示图层

在"图层"调板中单击要隐藏的图层左侧的 图标，可隐藏该图层。此时， 图标变为 图标，且该图层中的所有内容不可见。单击 图标，可显示该图层。若按住"Alt"键并在"图层"调板中单击某图层左侧的 图标，可隐藏该图层之外的所有图层。

（三）锁定和解锁图层中的内容

在编辑图像时，为了防止误操作，可锁定图层中的部分或全部内容。选中某个图层后，单击"锁定透明像素"按钮 ，可禁止修改该图层中的透明区域；单击"锁定图像像素"按钮 ，可禁止使用画笔工具组中的工具修改该图层中的图像；单击"锁定位置"按钮 ，可禁止移动该图层中的图像，但是可以对其进行其他编辑；单击"锁定全部"按钮 ，可禁止对该图层中的图像进行任何操作。锁定图层后，再次单击按钮，可解锁相应的内容。

（四）合并图层

使用图层合并功能可以将多个图层合并为一个图层，以便对其进行统一操作。选中要合并的图层并右击，在弹出的快捷菜单中选择"合并图层"菜单项，或者选择"图层"→

143

"合并图层"菜单项,或者按"Ctrl+E"快捷键,可合并所选图层。

> **探讨分享**
>
> 打开本书配套素材"项目六"文件夹中的"13.psd"文件,隐藏其中的部分图层,然后使用"合并图层""合并可见图层""拼合图层"命令对图层进行合并,并分享这 3 个命令的区别。

(五)链接图层

在编辑图像时,将多个图层链接在一起,可以同时对这些图层中的图像进行移动、变形、缩放和对齐等操作。

选中要链接的图层,单击"图层"调板底部的"链接图层"按钮 ⤴,可链接这些图层,并且其右侧显示 ⤴图标;再次单击"链接图层"按钮 ⤴,可取消图层间的链接。

当图层处于链接状态时,按住"Shift"键并单击图层右侧的⤴图标,该图标将变成✖,表示临时停用链接功能。此时,对该图层中的图像进行移动、缩放等操作不会影响链接的其他图层。按住"Shift"键并单击✖图标,可恢复至链接状态。

(六)对齐图层和分布图层

选中要对齐或分布的图层,使用"图层"→"对齐"或"分布"中的菜单项,可将所选图层中的图像对齐,或者使其均匀分布。例如,选中图 6-4(a)中各小动物所在的图层,然后选择"图层"→"对齐"→"底边"菜单项和"图层"→"分布"→"水平居中"菜单项,则沿图像的底边对齐并水平居中后的效果如图 6-4(b)所示。

(a)　　　　　　　　　　　　　(b)

图 6-4　对齐图层和分布图层前、后效果

> **小贴士**
>
> 选择要对齐或分布的图层,然后选择"移动工具" ▶,在工具属性栏中单击相应的对齐按钮或分布按钮,也可对齐所选图层中的图像或使其均匀分布。

四、图层的管理

当某个文件中的图层较多,不方便区分,或者想对多个图层进行统一设置(如设置图层的不透明度、色调等)时,可对图层进行编组。编组的方法有以下两种:

项目六　使用图层和蒙版

（1）选中要编组的图层，单击"图层"调板底部的"创建新组"按钮▭，或者按"Ctrl+G"快捷键。

（2）单击"图层"调板底部的"创建新组"按钮▭，可在当前图层的上方创建一个名称为"组1"的图层组，然后按住左键并将某个图层拖至"组1"上，然后释放左键即可。图层的编组效果如图 6-5 所示。

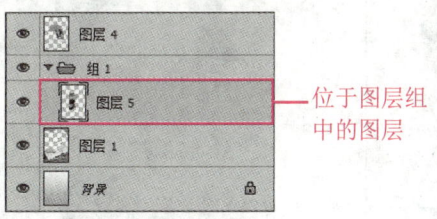

图 6-5　图层的编组效果

要将某个图层从图层组中移出，只需将要移出的图层拖到图层组外；要取消图层的编组，可在图层组的名称上右击，在弹出的快捷菜单中选择"取消图层编组"菜单项。图层组的复制、删除、重命名、显示和隐藏等操作与基本图层的操作相同，此处不再赘述。

任务实施——制作个性邮票广告

步骤 1　打开本书配套素材"项目六"文件夹中的"14.jpg"文件，然后设置前景色为白色。选择"画笔工具"，在工具属性栏中设置画笔的"大小"为 40 像素，"硬度"为 100%，接着按"F5"键，打开"画笔"调板，选择其中的"画笔笔尖形状"选项，设置"间距"为 150%。

制作个性邮票广告

步骤 2　单击"图层"调板底部的"创建新图层"按钮▭，创建"图层 1"。选择"视图"→"新建参考线"菜单项，采用默认设置，在"位置"编辑框中输入"0.5"并按"Enter"键，创建一条距图像边界 0.5 厘米的参考线。参照同样的方法，创建另一条参考线，效果如图 6-6 所示。

图 6-6　创建参考线

步骤 3　按住"Shift"键并拖动鼠标，绘制如图 6-7 所示的两条点状直线。

步骤 4　使用"移动工具"▭将两条参考线移至合适的位置，然后选择"画笔工具"▭，绘制另外两条点状直线，效果如图 6-8 所示。

步骤 5　选择"矩形选框工具"▭，在图像窗口中创建如图 6-9 所示的矩形选区。按"Alt+Delete"快捷键，为选区填充白色，然后取消选区。

步骤 6　使用"矩形选框工具"▭在图像窗口中创建如图 6-10 所示的选区，然后在

145

"图层"调板中选择"背景"图层,按"Ctrl+J"快捷键,复制选区内的图像。此时,软件将自动创建"图层 2",如图 6-11 所示。

步骤 7 按住左键将"图层 2"拖至"图层 1"的上方,然后将"背景"图层隐藏,效果如图 6-12 所示。

图 6-7 绘制点状直线(1)

图 6-8 绘制点状直线(2)

图 6-9 创建矩形选区(1)

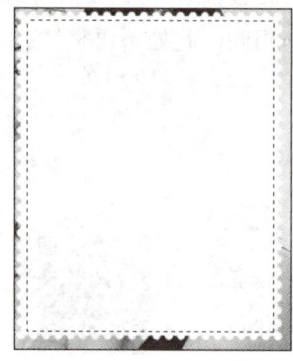
图 6-10 创建矩形选区(2)

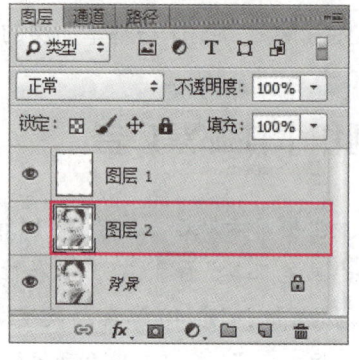
图 6-11 创建"图层 2"

图 6-12 调整图层顺序后的效果

步骤 8 选择"横排文字工具",然后参照图 6-13,在工具属性栏中设置文字的参数。

图 6-13 设置文字的参数

步骤 9 在图像窗口中的合适位置单击,待光标闪烁时输入文字"中国邮政",然后按"Ctrl+Enter"快捷键进行确认,此时的图像效果与"图层"调板如图 6-14 所示。

步骤 10 单击工具属性栏中的"切换文本取向"按钮,将文字"中国邮政"转换为直排文字,然后使用"移动工具"将其移至合适的位置。

步骤 11 选择"横排文字工具",在图像窗口中注写文字"60 分",并将其移至合适的位置,效果如图 6-15 所示。

步骤 12 按住"Shift"键并单击"图层 1",选中"60 分"~"图层 1"之间的所有图层。选择"图层"→"合并图层"菜单项,或者按"Ctrl+E"快捷键,将所选图层合并为一个名称为"60分"的图层。

 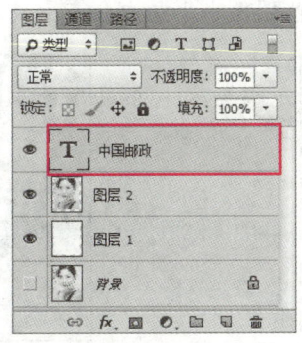 

图6-14　图像效果与"图层"调板　　　　　图6-15　文字的注写效果

步骤 13 按"Ctrl+A"快捷键，选中"60分"图层中的所有图像，然后按"Ctrl+C"快捷键进行复制。打开本书配套素材"项目六"文件夹中的"15.psd"文件，按"Ctrl+V"快捷键，将剪贴板中的图像粘贴到"15.psd"图像窗口中，然后调整图像的位置，效果如图6-16所示。

图6-16　图像的位置

步骤 14 双击"图层"调板中的"图层1"名称，在出现的编辑框中输入"60分邮票"并按"Enter"键。

> **小贴士**
>
> 为了方便识别图层中的内容，最好为图层取一个与其内容相符的名称。

步骤 15 打开本书配套素材"项目六"文件夹中的"16.jpg"文件，使用"魔棒工具"选中图像中的白色背景，按"Ctrl+Shift+I"快捷键进行反选，然后将选区中的心形图像复制到"15.psd"图像窗口中，共复制6份，然后调整它们的位置，效果如图6-17所示。

步骤 16 将"图层"调板中所有心形图像所在的图层选中，然后选择"图层"→"对齐"→"顶边"菜单项，将这些图层中的图像沿其顶边对齐，接着选择"图层"→"分布"→"水平居中"菜单项，使这些图像水平居中分布，效果如图6-18所示。

图6-17 复制图像

图6-18 对齐与分布图层

步骤 17 保持图层的选中状态，然后按"Ctrl+T"快捷键，显示自由变换框，接着将图像略微旋转一定角度，最后将其移至合适的位置，效果如图6-1所示。至此，个性邮票广告就制作完成了。

课堂实训——制作瓶贴广告

利用本任务所学的知识制作如图6-19所示的瓶贴广告。本实训的最终效果见本书配套素材"项目六"文件夹中的"瓶贴广告.psd"。

图6-19 瓶贴广告

提示：

（1）新建一个文件，将"8.jpg"和"9.png"～"12.png"文件中的图像复制到新建文件窗口中并移至其位置，然后复制图像上方的花边图像并移动副本图像的位置。最后打开"文案.txt"文件。

项目六　使用图层和蒙版

（2）文字"雪""梨""酱"和"浓浓雪梨风情 畅享丝滑美味"的字体均为"汉仪秀英体简"，文字"雪梨酱"处的装饰图形可使用"钢笔工具"和"椭圆工具"绘制（见图6-20）。

（3）将"雪""梨""酱"和所有形状图层创建一个组，然后选中组名，单击"图层"调板底部的"添加图层样式"按钮，在弹出的快捷菜单中选择"描边"菜单项，在打开的对话框中参照图6-21设置描边参数。文字"浓浓雪梨风情 畅享丝滑美味"的描边大小为14像素。

图6-20　注写文字

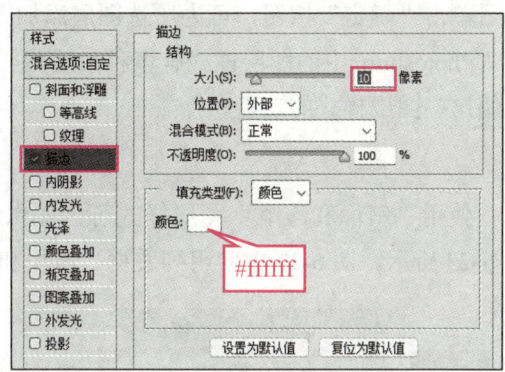

图6-21　设置描边参数

任务二　制作特效文字——使用图层样式和内置样式

任务说明

使用图层样式可以制作斜面、浮雕、描边、阴影、发光等特殊效果，使用软件内置的样式可以制作如蓝色玻璃、褪色照片、耀斑等特殊效果。下面通过制作如图6-22所示的特效文字，学习图层样式和内置样式的使用方法。

素材：素材与实例\项目六\18.psd

效果：素材与实例\项目六\特效文字.psd

图6-22　特效文字

相关知识

一、添加图层样式

选中要添加图层样式的图层,单击"图层"调板底部的"添加图层样式"按钮 ,在弹出的快捷菜单中选择所需菜单项,然后在打开的"图层样式"对话框中设置相关参数,最后单击"确定"按钮,可为所选图层添加图层样式。

Photoshop 中的图层样式有多种,这些样式既可以单独使用,也可以配合使用。下面介绍这些图层样式的功能。

（一）斜面和浮雕

使用"斜面和浮雕"图层样式可为图像添加高光和阴影,使图像呈现浮雕效果,如图 6-23 所示。图 6-23 中常用列表框、滑块和编辑框、单选钮的功能如下：

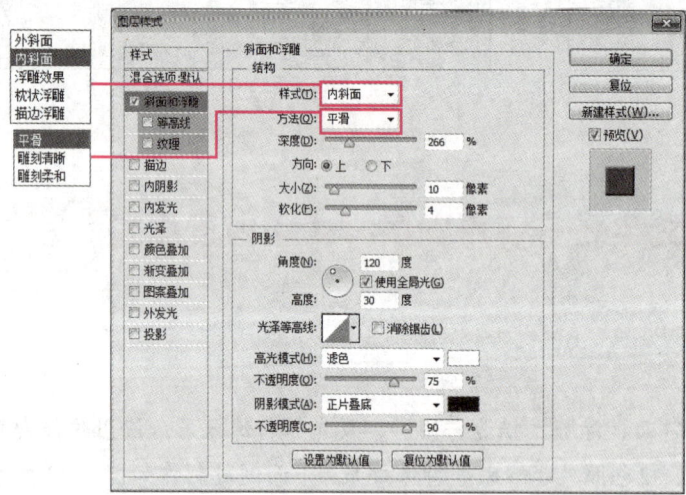 

图 6-23　为图像添加"斜面和浮雕"图层样式

（1）"样式"列表框：用于设置斜面和浮雕的样式。常用的斜面和浮雕样式如图 6-24 所示。

内斜面　　　　　　　外斜面　　　　　　　浮雕效果

图 6-24　常用的斜面和浮雕样式

（2）"方法"列表框：用于设置浮雕的平滑特性。

（3）"深度"滑块和编辑框：用于设置阴影的强度。

（4）"方向"单选钮：用于切换斜面亮部和暗部的方向。

（5）"大小""软化"滑块和编辑框：用于设置斜面的大小和边缘的柔和程度。

（6）"光泽等高线"列表框：用于设置光线的轮廓。

（7）"高光模式"列表框：用于设置高光的色彩和色调。

（8）"阴影模式"列表框：用于设置阴影的色彩和色调。

此外，勾选"斜面和浮雕"选项下方的"等高线"复选框，可为图像添加等高线；勾选"纹理"复选框，可为图像添加纹理。为图像添加等高线和纹理的效果如图 6-25 所示。

图 6-25 为图像添加等高线和纹理的效果

（二）描边

使用"描边"图层样式可为图像添加颜色、渐变和图案 3 种类型的描边。

（三）内阴影

使用"内阴影"图层样式可在图像的内侧边缘添加阴影效果，使图像呈现出凹陷或凸起效果（见图 6-26）。

（四）内发光和外发光

使用"内发光"和"外发光"图层样式可在图像的内侧和外侧添加发光效果，如图 6-27 所示。图 6-27 中常用单选钮、列表框、滑块和编辑框的功能如下：

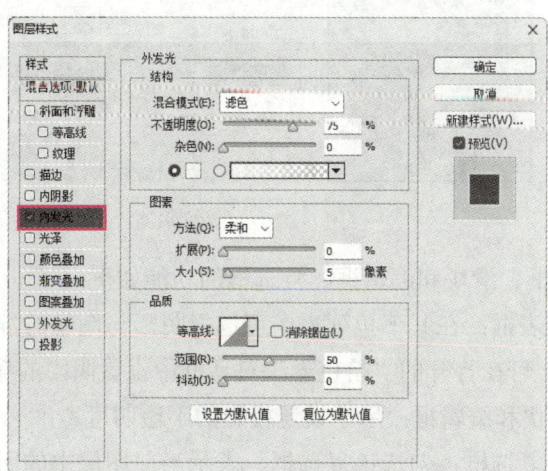

内发光

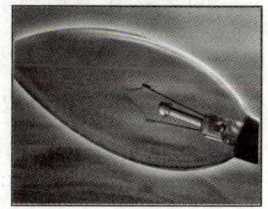

外发光

图 6-26 内阴影效果　　图 6-27 为图像添加"内发光"和"外发光"图层样式

151

（1）单选钮：选中颜色色块左侧的单选钮，然后单击颜色色块，在打开的"拾色器"对话框中可选择一种发光颜色（纯色）；选中颜色色块右侧的单选钮，然后单击渐变条，在打开的"渐变编辑器"对话框中可设置发光颜色（渐变颜色）。

（2）"方法"列表框：用于控制发光区域边缘的柔和程度。选择"柔和"选项时，发光区域的边缘更加柔和。

（3）"范围"滑块和编辑框：用于控制发光区域的大小。

（4）"抖动"滑块和编辑框：用于控制随机产生的杂点数。

（五）光泽

使用"光泽"图层样式可在图像的内部添加阴影效果，使图像看起来更有光泽，如图6-28所示。

（六）叠加

叠加图层样式包括"颜色叠加""渐变叠加"和"图案叠加"3种，分别用于为图像填充单一颜色、渐变颜色和图案。

（七）投影

使用"投影"图层样式可为图像添加投影效果，使平面图像在视觉上产生立体感，如图6-29所示。

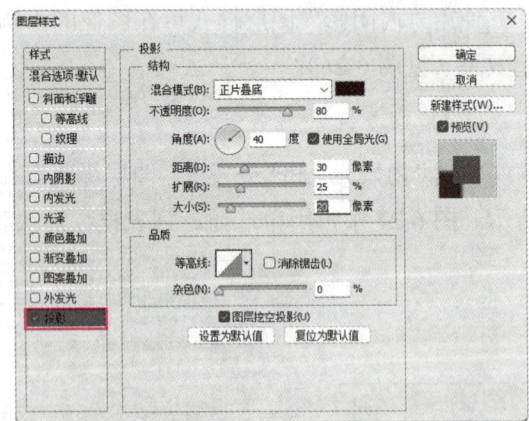

图6-28　光泽效果　　　　图6-29　为图像添加"投影"图层样式

图6-29中常用列表框、滑块和编辑框、复选框的功能如下：

（1）"混合模式"列表框：在其下拉列表中可选择阴影与图像的混合模式。若单击该列表框右侧的颜色色块，可在打开的"拾色器"对话框中设置阴影的颜色。

（2）"不透明度"滑块和编辑框：用于设置投影的不透明度。

（3）"使用全局光"复选框：勾选该复选框，表示当前图层中的所有图像使用相同的光照角度。

(4)"距离"滑块和编辑框:用于设置阴影的偏移量。

(5)"扩展"滑块和编辑框:用于设置阴影的扩散程度。

(6)"大小"滑块和编辑框:用于设置阴影的大小。

(7)"等高线"列表框:用于设置阴影的轮廓。

(8)"杂色"滑块和编辑框:用于设置是否使用杂色对阴影进行填充。

探讨分享

打开本书配套素材"项目六"文件夹中的"18.psd"文件,为"宝石"图层添加"斜面和浮雕""内发光"等图层样式,然后分享自己制作的作品。

二、编辑图层样式

添加图层样式后,该样式将显示在"图层"调板中。单击图层样式左侧的 ◉ 图标,可隐藏对应的效果;在同一位置再次单击,可显示对应的效果。要删除某个图层样式,可将该样式拖至"删除图层"按钮 🗑 上,然后松开左键,如图6-30所示。

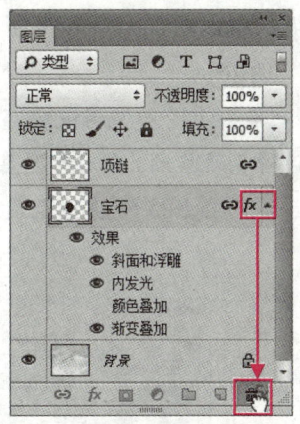

图6-30 删除图层样式

要复制图层样式,可按住"Alt"键并将图层右侧的 fx 图标或图层样式拖到目标图层上,也可在已添加图层样式的图层上右击,在弹出的快捷菜单中选择"拷贝图层样式"菜单项,然后在目标图层上右击,在弹出的快捷菜单中选择"粘贴图层样式"菜单项。

三、添加内置样式

选择要添加内置样式的图层,然后选择"窗口"→"样式"菜单,打开"样式"调板,在其中选择要添加的样式,便可将其添加到所选图层中,如图6-31所示。

 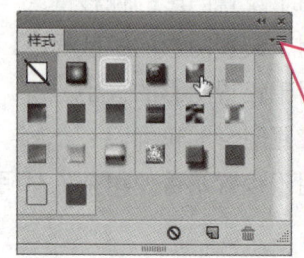 

单击该按钮,在弹出的快捷菜单中可加载其他样式;选择"复位样式"菜单项,可使"样式"调板恢复至初始状态

图 6-31　为图像添加"蓝色玻璃"样式

任务实施——制作特效文字

步骤 1　打开本书配套素材"项目六"文件夹中的"18.jpg"文件。选择"横排文字工具" T ,在工具属性栏中设置"字体"为方正琥珀_GBK,"字体大小"为 220 点,然后在图像窗口中输入"PS cc",并按"Ctrl+Enter"快捷键确认,最后将输入的文字移至合适的位置,如图 6-32 所示。此时,"图层"调板中出现了一个名称为"PS cc"的文本图层,设置该图层的"填充"为 0%。

制作特效文字

步骤 2　选中"PS cc"图层,单击"图层"调板底部的"添加图层样式"按钮 fx.,在弹出的快捷菜单中选择"斜面和浮雕"菜单项,打开"图层样式"对话框,然后参照图 6-33 设置参数。选择"等高线"选项,将"范围"滑块拖至最右侧。此时,图像窗口中的效果如图 6-34 所示。

图 6-32　文字的效果和位置(1)

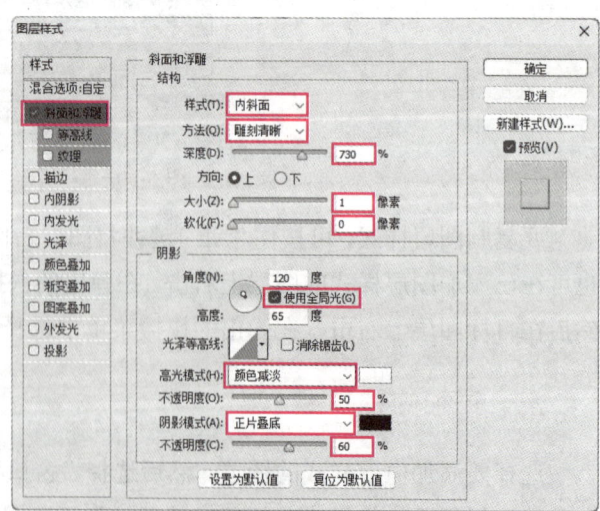

图 6-33　设置"斜面和浮雕"图层样式(1)

小技巧

在除背景图层外的其他图层名称右侧的空白处双击，也可以打开"图层样式"对话框。

步骤3 在"图层样式"对话框中选择"描边"选项，参照图 6-35 设置参数，然后单击渐变条，在打开的"渐变编辑器"对话框中将左侧色标的颜色设为浅灰色（#d7d7d7），右侧色标的颜色设为深灰色（#3c3c3c）。

图 6-34 "斜面和浮雕"图层样式的使用效果（1）　　图 6-35 设置"描边"图层样式

步骤4 在"图层样式"对话框中选择"内阴影"选项，参照图 6-36 设置参数；选择"图案叠加"选项，参照图 6-37 设置参数。此时，图像窗口中的效果如图 6-38 所示。

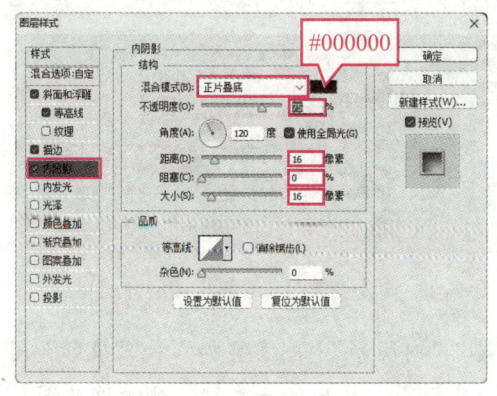
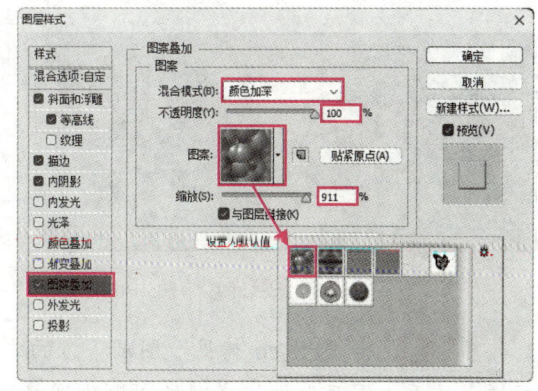

图 6-36 设置"内阴影"图层样式　　图 6-37 设置"图案叠加"图层样式

步骤5 在"图层样式"对话框中选择"投影"选项，参照图 6-39 设置参数。此时，图像窗口中的效果如图 6-40 所示。单击对话框中的"确定"按钮，关闭该对话框。

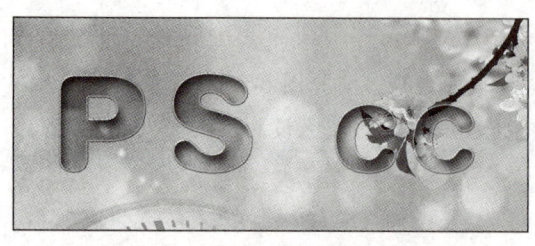
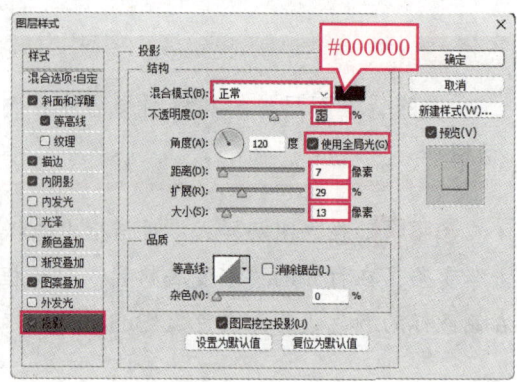

图6-38 "内阴影"和"图案叠加"图层样式的使用效果　　图6-39 设置"投影"图层样式

步骤6 将"PS cc"图层拖至"图层"调板底部的"创建新图层"按钮上，然后松开左键，得到"PS cc 拷贝"图层。在"PS cc 拷贝"图层名称右侧空白处双击，打开"图层样式"对话框，取消勾选"描边""内阴影""图案叠加"和"投影"复选框，然后选择"斜面和浮雕"选项，参照图6-41设置参数。设置完成后，选择"等高线"选项，将"范围"滑块拖至55%左右。单击"确定"按钮，关闭该对话框，图像效果如图6-42所示。

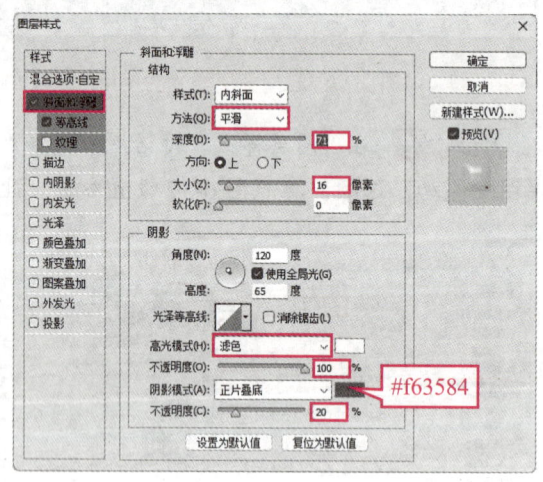

图6-40 "投影"图层样式的使用效果　　图6-41 设置"斜面和浮雕"图层样式（2）

步骤7 将"PS cc 拷贝"图层下方的"描边""内阴影""图案叠加"和"投影"图层样式拖至"图层"调板底部的"删除图层"按钮上，然后松开左键，删除这些图层样式。

步骤8 选择"横排文字工具"，在工具属性栏中设置"字体"为Commercial Script BT，"字体大小"为45点，"消除锯齿的方法"为浑厚，"文本颜色"为红色（#ff0000），然后在图像窗口中的合适位置输入"Photoshop CC"，按"Ctrl+Enter"快捷键确认，效果如图6-43所示。

图 6-42 "斜面和浮雕"图层样式的使用效果（2）　　图 6-43 文字的效果和位置（2）

步骤 9 选中"Photoshop CC"图层，然后选择"窗口"→"样式"菜单项，打开"样式"调板，单击其中的"双环发光（按钮）"，可为文字"Photoshop CC"添加软件内置的图层样式，最后设置该图层的"填充"为 70%，效果如图 6-44 所示。至此，特效文字就制作完成了。

图 6-44 添加内置图层样式并设置填充效果

课堂实训——制作水晶按钮

使用本任务所学的知识制作如图 6-45 所示的水晶按钮。本实训的最终效果见本书配套素材"项目六"文件夹中的"水晶按钮.psd"。

图 6-45 水晶按钮

提示：

（1）选择"渐变工具"，在工具属性栏中设置渐变颜色并单击"径向渐变"按钮，然后将光标移至图像窗口中的合适位置并按住左键拖动鼠标，以制作灰色渐变效果。

（2）使用"圆角矩形工具"绘制圆角矩形，并为其所在的图层添加"渐变叠加"图层样式，作为按钮的顶面。

（3）复制"圆角矩形 1"图层，调整该图层与副本图层的顺序，然后删除副本图层的"渐变叠加"图层样式，为该图层添加"颜色叠加"和"投影"图层样式，最后将副本图层中的图形稍向下移动，作为按钮的底面。

（4）使用"圆角矩形工具"绘制圆角矩形，并为其添加"内发光"图层样式，作为按钮的高光部分。

（5）使用"横排文字工具"注写文字，文字的"字体"为黑体，"字体大小"为 70 点，"文本颜色"为白色，并为文本图层添加"描边"和"外发光"图层样式。

任务三　制作糖果包装盒——使用蒙版

任务说明

Photoshop 中的蒙版分为图层蒙版、矢量蒙版、快速蒙版和剪贴蒙版，每种蒙版都具有特定的功能和应用场景。合理地使用这些蒙版可以有效控制图像的显示和融合效果。下面通过制作如图 6-46 所示的糖果包装盒，学习蒙版的使用方法。

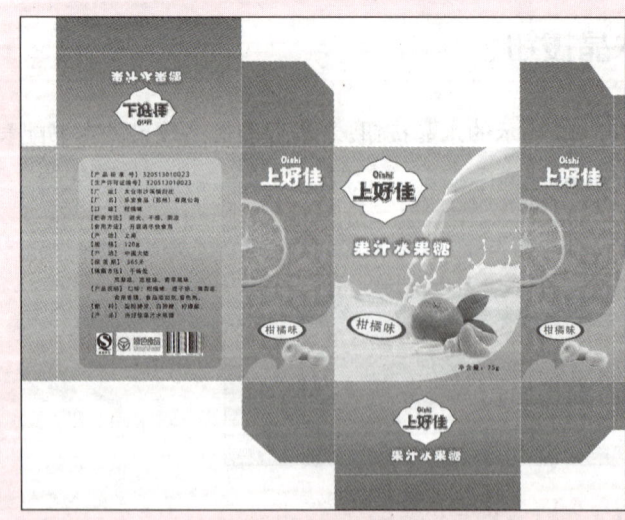

素材：素材与实例\项目六\23.psd、24.jpg、25.psd、26.jpg、27.psd 和 28.psd

效果：素材与实例\项目六\糖果包装盒.psd

图 6-46　糖果包装盒

项目六 使用图层和蒙版

 **相关知识**

一、图层蒙版

图层蒙版实际上是一幅 256 色的灰度图像，其白色区域为完全透明区，该区域内的图像可见；黑色区域为完全不透明区，该区域内的图像不可见；灰色区域为半透明区，该区域内的图像处于半透明状态。

下面通过在如图 6-47（a）所示图像的基础上制作如图 6-47（b）所示的融合效果，介绍图层蒙版的使用方法。

（a）

（b）

图 6-47　图像融合前、后效果

步骤 1 本书配套素材"项目六"文件夹中的"20.psd"文件。将"图层 1"设为当前图层，然后单击"图层"调板底部的"添加图层蒙版"按钮，创建一个图层蒙版，如图 6-48 所示。

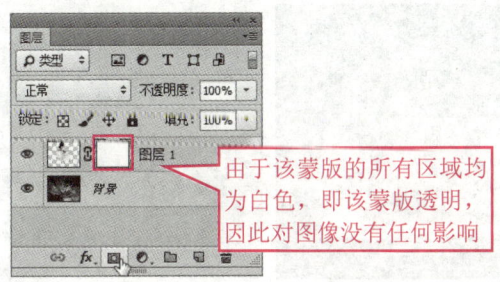

图 6-48　创建图层蒙版

步骤 2 选择"渐变工具"，在工具属性栏中设置由黑色过渡到白色的渐变颜色并单击"线性渐变"按钮，然后将光标移至人物图像的下方并向上拖动鼠标，以绘制线性渐变图案，如图 6-49 所示。此时，人物与背景自然地融合在一起，在蒙版缩览图中可以看到蒙版中的图像效果，如图 6-50 所示。

159

图 6-49　绘制线性渐变图案　　　　　图 6-50　蒙版中的图像效果

> **小贴士**
>
> 　　为某个图层创建蒙版后，该图层就有了两幅图像，其中一幅是该图层中的原图像，另一幅就是蒙版中的图像。使用"画笔工具" 在蒙版上涂抹或者使用"渐变工具" 添加渐变颜色，涂抹的图案和添加的渐变颜色都会显示在蒙版缩览图中，并且添加蒙版后的效果会同时显示在图像窗口中。
>
> 　　创建图层蒙版后，该蒙版自动被选中；在"图层"调板中单击图层缩览图，可切换至图层编辑状态。按住"Alt"键并单击蒙版缩览图，图像窗口中将单独显示该蒙版中的图像；再次按住"Alt"键并单击蒙版缩览图，可重新进入蒙版编辑状态。

二、矢量蒙版

　　矢量蒙版与图层蒙版相似，但是矢量蒙版中的图像为矢量图。绘制一条路径，然后按住"Ctrl"键并单击"图层"面板底部的"添加图层蒙版"按钮 ，可创建矢量蒙版。此时，当前图层中路径之外的区域将被隐藏，如图 6-51 所示。

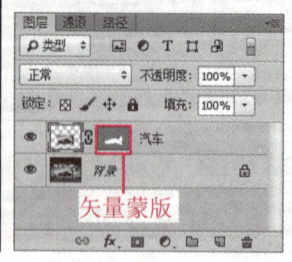

图 6-51　创建矢量蒙版

> **小贴士**
>
> 　　创建矢量蒙版后，可使用"直接选择工具" 、"钢笔工具" 等路径绘制工具调整蒙版中的矢量图。

三、剪贴蒙版

剪贴蒙版是使用下方图层（基底图层）中的图形来控制上方图层（内容图层）中图像的显示区域。剪贴蒙版最大的优点是可通过一个图层来控制多个图层中图像内容的可见性。下面介绍剪贴蒙版的使用方法。

步骤 1 打开本书配套素材"项目六"文件夹中的"22.psd"文件。选择"椭圆工具" ⬤，在工具属性栏的"选择工具模式"列表框中选择"形状"选项，然后在图像窗口中的合适位置绘制椭圆，如图 6-52 所示。此时，"图层"调板中出现了一个形状图层"椭圆1"。将"椭圆 1"图层移至"图层 1"的下方，如图 6-53 所示。

步骤 2 将光标移至"图层 1"和"椭圆 1"的中间，然后按住"Alt"键并单击，可创建一个椭圆形的剪贴蒙版。此时，"图层 1"中的图像只能透过椭圆显示出来，如图 6-54 所示。

图 6-52　绘制椭圆

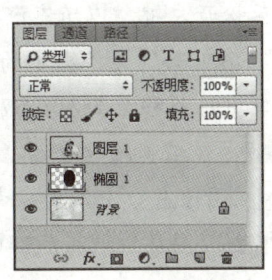
图 6-53　调整图层的顺序

图 6-54　剪贴蒙版的使用效果

📝 任务实施——制作糖果包装盒

步骤 1 新建一个文件，设置其名称为"糖果包装盒"，"宽度"为 26 厘米，"高度"为 21 厘米，"分辨率"为 300 像素/英寸，"颜色模式"为 CMKY 颜色，"背景内容"为白色。

步骤 2 选择"视图"→"新建参考线"菜单项，在打开的"新建参考线"对话框中单击所需单选钮并输入数值，以创建如图 6-55 所示的参考线。创建水平参考线时输入的数值分别为 0.5 厘米、1.5 厘米、5.5 厘米、15.5 厘米、19.5 厘米、20.5 厘米，创建垂直参考线时输入的数值分别为 0.5 厘米、1.5 厘米、9.5 厘米、13.5 厘米、21.5 厘米、25.5 厘米。

制作糖果包装盒

步骤 3 新建"图层 1"。选择"渐变工具" ▬，在工具属性栏中单击"线性渐变"按钮 ▬，打开"渐变编辑器"对话框，然后参照图 6-56 设置 4 个色标的颜色，色标的不透明度均为 100%，最后单击"确定"按钮。

图 6-55 创建参考线

图 6-56 设置色标的颜色和不透明度

步骤 4 将光标移至画布最上方的合适位置，按住"Shift"键和左键拖动鼠标至光标位于画布最下方的合适位置，然后松开左键，以填充渐变颜色。

步骤 5 打开本书配套素材"项目六"文件夹中的"23.psd"文件，将其中的牛奶图像复制到"糖果包装盒"图像窗口中，并移至如图 6-57 所示的位置。

步骤 6 选择"钢笔工具" ，在工具属性栏的"选择工具模式"列表框中选择"路径"选项，然后按住"Shift"键，在图像窗口中沿着参考线绘制如图 6-58 所示的路径。选中"图层 2"，按住"Ctrl"键并单击"图层"调板底部的"添加图层蒙版"按钮，创建矢量蒙版，效果如图 6-59 所示。

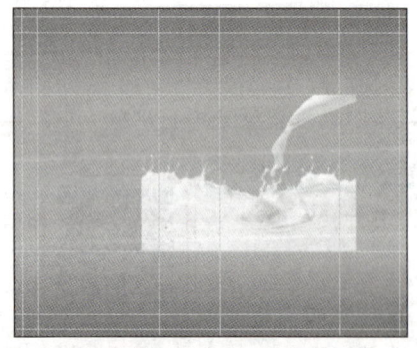
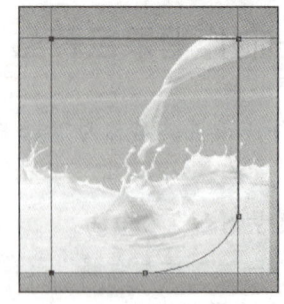
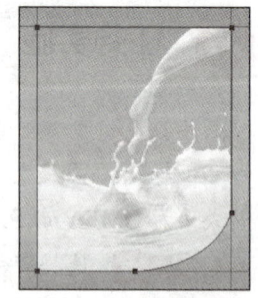

图 6-57 复制并移动图像（1）　　图 6-58 绘制路径　　图 6-59 创建矢量蒙版

步骤 7 打开本书配套素材"项目六"文件夹中的"24.jpg"文件。使用"魔棒工具"和"Ctrl+Shift+I"快捷键在橘子图像处创建选区，然后将选区内的橘子图像复制到"糖果包装盒"图像窗口中，并移至如图 6-60 所示的位置。

步骤 8 单击"图层"调板底部的"添加图层蒙版"按钮，为"图层 3"创建图层蒙版，如图 6-61 所示。将前景色设为黑色，选择"画笔工具"，在工具属性栏中设置画笔的"大小"为 25 像素,"硬度"为 0%,然后在橘子图像的左下角进行涂抹,光标经过的区域变为透明区域,从而产生橘子被牛奶浸泡的效果,如图 6-62 所示。

图 6-60　复制并移动图像（2）　　　图 6-61　创建图层蒙版　　　图 6-62　使用图层蒙版隐藏部分图像

> **小贴士**
>
> 透明区域内的图像不是被擦除了,而是被隐藏在图层蒙版中了。

步骤 9　打开本书配套素材"项目六"文件夹中的"25.psd"文件,将其中的图像复制到剪贴板中,然后单击"糖果包装盒"图像窗口中"图层 3"的图层缩览图,粘贴剪贴板中的内容,并将其移至合适的位置,效果如图 6-63 所示。

步骤 10　新建"图层 5"。使用"钢笔工具" 绘制如图 6-64 所示的路径（共 4 条封闭路径）,然后按"Ctrl+Enter"快捷键,将这 4 条路径转换为选区,接着在该选区内填充橘红色（#ed7019）,最后取消选区,效果如图 6-65 所示。

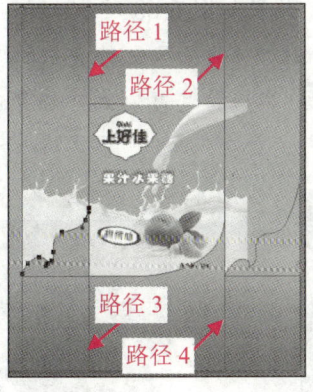

图 6-63　复制并移动图像（2）　　　图 6-64　绘制路径　　　图 6-65　在选区内填充颜色

> **小贴士**
>
> 为了使读者能够看得更清楚,图 6-64 中消除了参考线。

步骤 11　打开本书配套素材"项目六"文件夹中的"26.jpg"文件,将其中的图像复制到"糖果包装盒"图像窗口中,并移至如图 6-66 所示的位置。

步骤 12 按住"Ctrl"键并单击"图层"调板中"图层 5"的图层缩览图，以载入在步骤 10 中创建的不规则选区，然后按"Ctrl+Shift+I"快捷键，以反选选区，接着按"Delete"键，删除"图层 6"上多余的图像，最后取消选区，效果如图 6-67 所示。

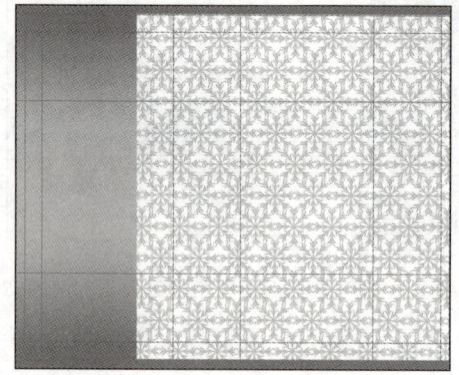
图 6-66 复制并移动图像（3）

图 6-67 删除图像后的效果

步骤 13 将"图层 6"的"混合模式"设为柔光，然后单击"图层"调板底部的"添加图层蒙版"按钮 ，为"图层 6"添加图层蒙版。选择"渐变工具" ，在工具属性栏中单击"线性渐变"按钮 ，在打开的"渐变编辑器"对话框中选择"黑，白渐变"方案，最后单击"确定"按钮。

步骤 14 将光标移至最上方水平参考线上方，按住"Shift"键和左键拖动鼠标，待光标位于最下方水平参考线下方合适位置时，松开左键，以填充渐变颜色。此时，如图 6-67 所示的底纹和图像背景相融合，效果如图 6-68 所示。

步骤 15 打开本书配套素材"项目六"文件夹中的"27.psd"文件，使用"矩形选框工具" 框选其中的橘子图像，然后将其复制到"糖果包装盒"图像窗口中，并移至如图 6-69 所示的位置。

图 6-68 填充渐变颜色

图 6-69 复制并移动图像（3）

步骤 16 使用"矩形选框工具" 框选橘子图像的右半部分,然后单击"图层"调板底部的"添加图层蒙版"按钮 ,将图像的左半部分隐藏,效果如图6-70所示。

步骤 17 将"27.psd"图像窗口中的标志图像、糖果图像和"25.psd"图像窗口中的椭圆图像分别复制到"糖果包装盒"图像窗口中,并移至如图6-71所示的位置。至此,糖果包装盒的正面和左侧面就制作完成了。

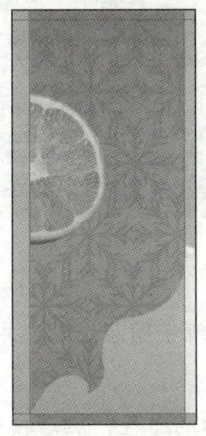 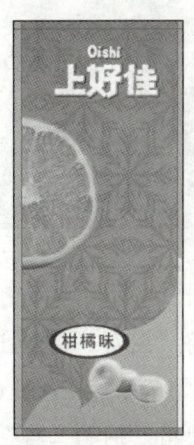

图6-70 图层蒙版的使用效果　　　　图6-71 复制并移动图像(3)

步骤 18 选中包装盒左侧面上的图像所在的图层,将它们复制一份,并将复制得到的图像移至包装盒右侧相同的位置,效果如图6-72所示。

图6-72 复制并移动图像(3)

步骤 19 打开本书配套素材"项目六"文件夹中的"28.psd"文件,将其中的图像复制到"糖果包装盒"图像窗口中,并移至如图6-73(a)所示的位置。将"25.psd"图像窗口中的标志图像和文字图像复制到"糖果包装盒"图像窗口中(各复制两份),然后调整其大小和位置,效果如图6-73(b)所示。

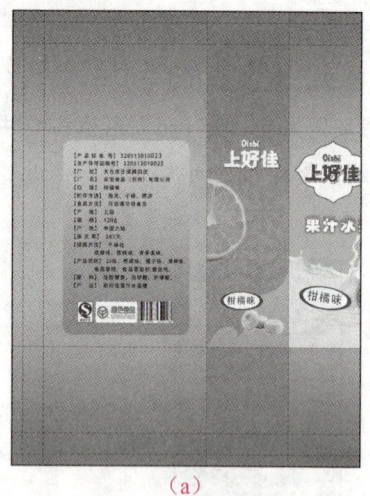
（a）

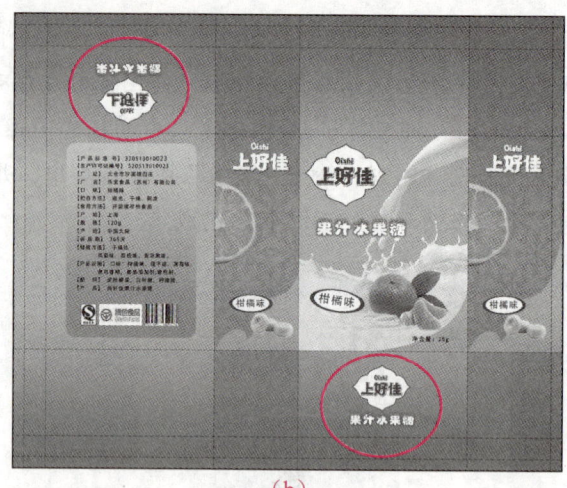
（b）

图 6-73 复制并移动图像（4）

步骤 20 将"图层"调板上除"背景"图层外的所有图层全部选中，按"Ctrl+G"快捷键，对所选图层编组，如图 6-74 所示。

步骤 21 使用"钢笔工具" 绘制如图 6-75 所示的路径，然后按住"Ctrl"键并单击"图层"调板底部的"添加图层蒙版"按钮 ，创建矢量蒙版，效果如图 6-76 所示。

步骤 22 在"图层"调板中"组 1"上方创建"图层 11"，将前景色设为白色，然后选择"画笔工具" ，在工具属性栏中设置画笔的"大小"为 2 像素，"硬度"为 0%，接着按住"Shift"键并沿参考线绘制直线，作为包装盒转折面的高光，最后按"Ctrl+;"快捷键，隐藏参考线，得到如图 6-46 所示的效果。至此，糖果包装盒就制作完成了。

图 6-74 对所选图层编组

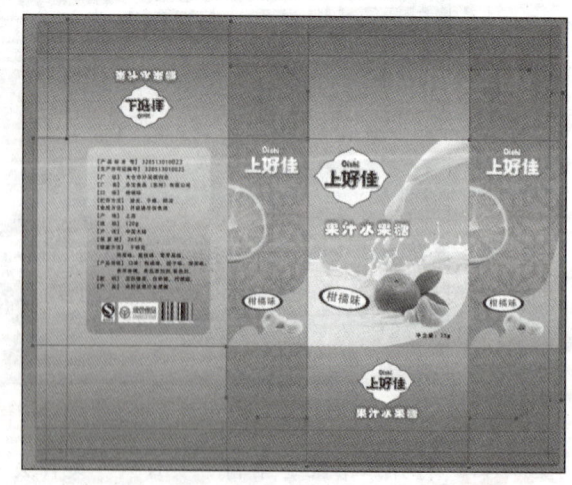

图 6-75 绘制路径

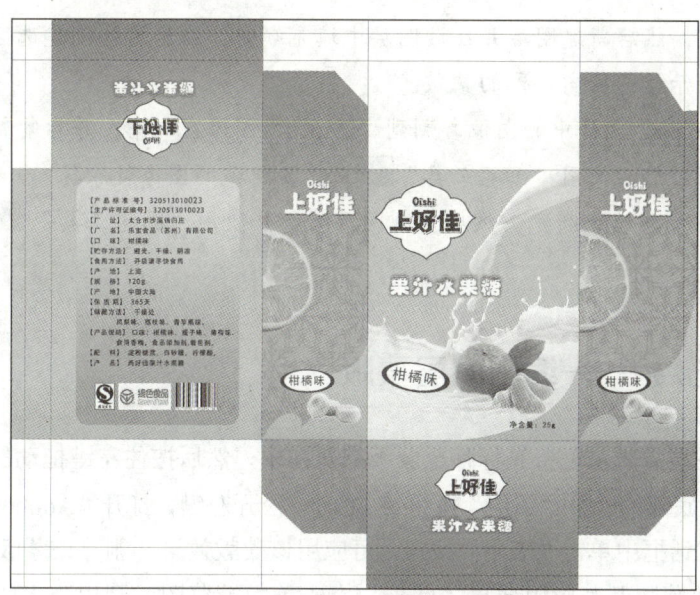

图 6-76　矢量蒙版的使用效果

课堂实训——制作旅游广告

利用本任务所学的知识制作如图 6-77 所示的旅游广告。本实训的最终效果见本书配套素材"项目六"文件夹中的"旅游广告.psd"。

图 6-77　旅游广告

提示：

（1）打开本书配套素材"项目六"文件夹中的"29.psd"文件，在"光"与文本图层间创建剪贴蒙版，然后新建图层并在该图层中填充渐变，在乐器处创建选区，最后在该图层中创建一个显示该选区内乐器的蒙版。

（2）将"30.jpg"文件中的图像复制到"29.psd"图像窗口中，并为复制得到的图层创建一个图层蒙版，然后使用"画笔工具" 在需要隐藏的图像处涂抹。

（3）新建图层并填充渐变，然后复制图层蒙版并使用"画笔工具" 修改蒙版中的图像。

知识拓展——编辑图层蒙版

若要删除图层蒙版，可将光标移至蒙版缩览图中，然后按住左键拖动鼠标，待光标位于"图层"调板底部的"删除图层"按钮 上时，松开左键，打开"Adobe Photoshop CC"对话框。在该对话框中单击"应用"按钮，可应用该蒙版效果并删除该蒙版；单击"删除"按钮，可删除该蒙版及其应用效果。此外，右击蒙版缩览图，利用弹出的快捷菜单（见图 6-78）中的菜单项也可以删除、使用或停用蒙版。

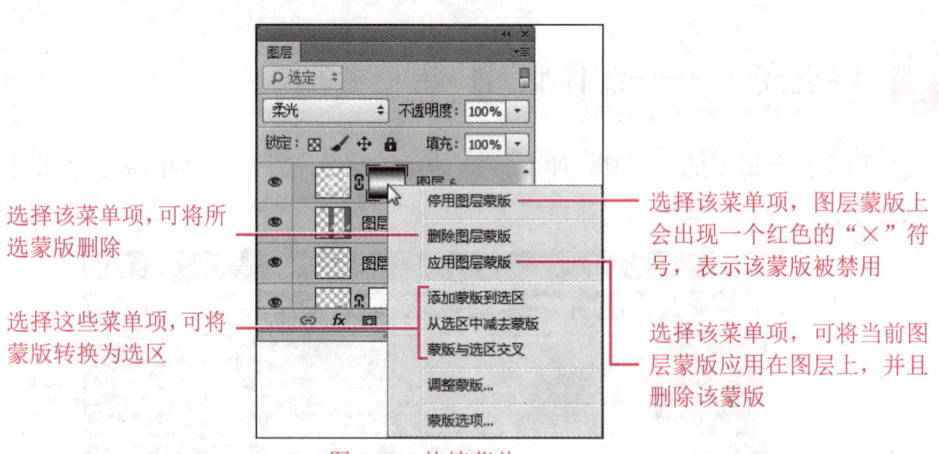

图 6-78 快捷菜单

任务四 制作艺术照片——使用带蒙版的图层

任务说明

调整图层和填充图层属于带蒙版的图层，使用它们可以在不改变源图像内容的情况下，调整图像的色彩和色调。下面通过制作如图 6-79 所示的艺术照片，学习填充图层和调整图层的使用方法。

项目六　使用图层和蒙版

素材：素材与实例\项目六\31.psd 和 32.jpg
效果：素材与实例\项目六\艺术照片.psd

图 6-79　艺术照片

相关知识

一、调整图层

在调整图像的色彩和色调时，为了方便编辑，可将使用"色阶""曲线"等命令制作的效果单独放在一个图层中，该图层就是调整图层。与普通图层不同，调整图层既不会破坏源图像的完整性，也不会改变源图像的内容。在调整图像的色彩和色调时，通过显示、关闭调整图层，可以非常方便地查看图像色彩和色调的调整效果。

单击"图层"调板底部的"创建新的填充或调整图层"按钮，在弹出的快捷菜单（见图 6-80）中选择除"纯色""渐变""图案"外的其他菜单项，可打开相应的"属性"调板，在其中设置所需参数，即可创建相应的调整图层（见图 6-81）。

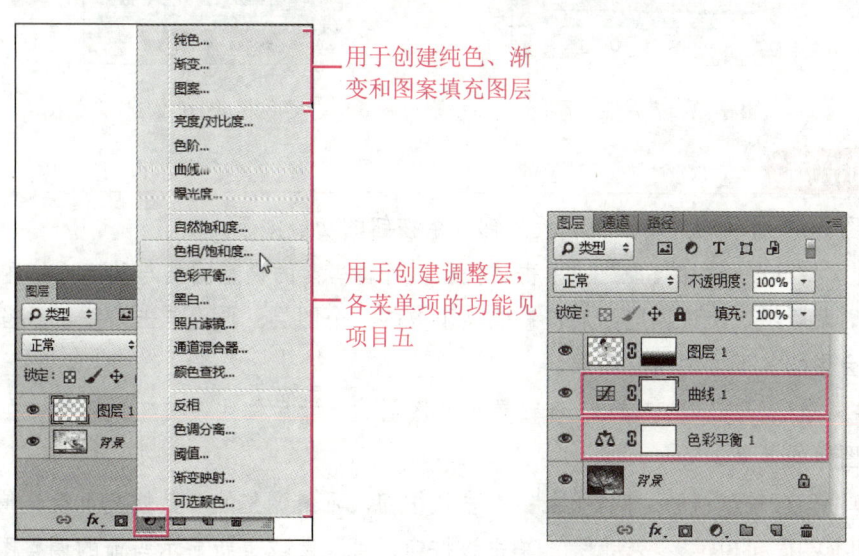

图 6-80　快捷菜单　　　　　图 6-81　创建的调整图层

169

二、填充图层

填充图层中仅有填充的纯色、渐变颜色或图案，用于调整图像的填充颜色。填充图层中的内容可随时更换，常用于调整图像的色调。选择如图 6-80 所示快捷菜单中的"纯色""渐变"和"图案"菜单项，在打开的对话框中设置相关参数，最后单击"确定"按钮，可创建相应的填充图层。

任务实施——制作艺术照片

步骤 1 打开本书配套素材"项目六"文件夹中的"31.psd"文件。选中"图层 1"，单击"图层"调板底部的"创建新的填充或调整图层"按钮，在弹出的快捷菜单中选择"色相/饱和度"菜单项，打开"属性"调板。参照图 6-82 设置色相的参数，以完成对图像色彩的调整。此时，创建的"色相/饱和度 1"调整图层位于"图层 1"的上方，如图 6-83 所示。

制作艺术照片

图 6-82 "属性"调板

图 6-83 "色相/饱和度 1"调整图层

知识库

如图 6-83 所示的"属性"调板底部 5 个按钮的功能如下：

"创建剪贴蒙版"按钮：单击该按钮，可将当前的调整图层与其下方的图层组成一个剪贴蒙版组，使该调整图层仅影响其下方的一个图层。再次单击该按钮，当前的调整图层会影响其下方的所有图层。

"查看上一状态"按钮：在设置调整图层的参数后按住该按钮，可查看在设置该参数前图像的效果。

"复位到调整默认值"按钮：单击该按钮，可使调整的参数恢复至默认值。

"切换图层可见性"按钮：单击该按钮，可隐藏或重新显示当前的调整图层。

"删除此调整图层"按钮：单击该按钮，可以删除当前的调整图层。

步骤 2 由于"色相/饱和度 1"调整图层位于"图层 1"的上方,因此,"图层 1"中图像的色彩也会受"色相/饱和度 1"调整图层的影响。为使文字不受调整图层的影响,将"色相/饱和度 1"调整图层拖至"图层 1"图层的下方。

> **小贴士**
>
> 如果对调整图层的应用效果不满意,可双击调整图层的缩览图,或者选择"图层"→"图层内容选项"菜单项,在打开的"属性"调板中重新调整参数。
>
> 若要关闭调整图层,可在"图层"调板中单击该图层左侧的 图标;若要删除调整图层,可将其拖至"图层"调板底部的"删除图层"按钮 上,然后松开左键。

步骤 3 选中"图层 1",单击"图层"调板底部的"创建新的填充或调整图层" 按钮,在弹出的快捷菜单中选择"渐变"菜单项,打开"渐变填充"对话框。单击其中的渐变条,在打开的"渐变编辑器"对话框中设置渐变颜色(由透明过渡到红色)及其不透明度,然后单击"确定"按钮,返回至"渐变填充"对话框。在该对话框中设置"样式"为线性,"角度"为 90 度,"缩放"为 100%,如图 6-84 所示。

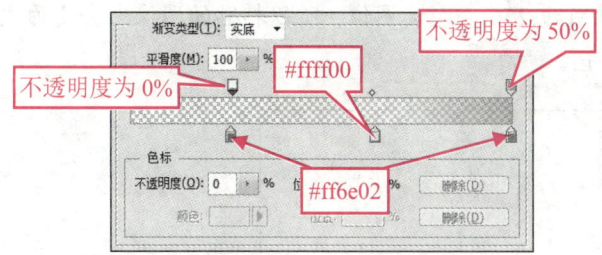 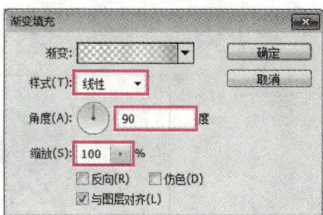

图 6-84 设置渐变填充参数

步骤 4 暂时保持"渐变填充"对话框的打开状态,将光标移至图像窗口中,当光标变成 时,上下拖动鼠标,以调整渐变颜色的填充位置,效果如图 6-85 所示。单击"确定"按钮,关闭对话框。此时,"图层"调板中出现"渐变填充 1"填充图层,如图 6-86 所示。

 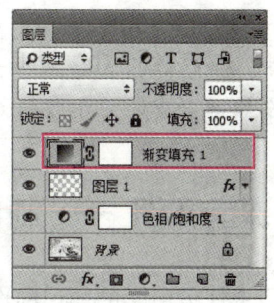

图 6-85 使用"渐变填充"填充图层的效果   图 6-86 "渐变填充 1"调整图层

步骤 5 打开本书配套素材"项目六"文件夹中的"32.jpg"文件，使用"魔棒工具"在心形图案处创建选区（见图6-87），然后将该选区内的图像复制到剪贴板中。

步骤 6 将"31.psd"图像窗口设为当前窗口，按住"Alt"键并单击"渐变填充1"填充图层的蒙版缩览图，打开填充图层的蒙版，如图6-88所示。由于目前未在该蒙版进行任何操作，因此该蒙版中无内容。

图 6-87　创建选区

图 6-88　打开填充图层的蒙版

步骤 7 按"Ctrl+V"快捷键，将剪贴板中的图像粘贴到填充图层的蒙版中，并调整其大小和位置，如图6-89所示。由于蒙版为256色灰度图像，所以粘贴的图像也会变为灰度图像。按"Ctrl+D"快捷键，取消选区。

图 6-89　调整蒙版中图像的大小和位置

步骤 8 按住"Alt"键并单击"渐变填充1"填充图层的蒙版缩览图，将蒙版关闭。此时，图像窗口中的显示效果如图6-79所示。至此，艺术照片就制作完成了。

课堂实训——制作唯美照片

利用本任务所学的知识制作如图6-90所示的唯美照片。本实训的最终效果见本书配套素材"项目六"文件夹中的"唯美照片.psd"。

项目六　使用图层和蒙版

图6-90　唯美照片

提示：

打开本书配套素材"项目六"文件夹中的"33.jpg"和"34.jpg"文件，将"33.jpg"文件中的所有图像复制到"34.jpg"图像窗口中，然后为复制得到的图层添加图层蒙版，并将人物背景替换成黑色，最后在"图层1"的上方分别创建"可选颜色"和"曲线"调整图层，用于调整图像的色彩。

 项目自测

利用本项目所学的知识制作如图6-91所示的化妆品广告。案例的最终效果见本书配套素材"项目六"文件夹中的"化妆品广告.psd"。

图6-91　化妆品广告

173

提示：

（1）打开本书配套素材"项目六"文件夹中的"35.jpg"文件，然后新建图层，使用"渐变工具" 绘制由透明过渡到蓝色的径向渐变背景。

（2）打开本书配套素材"项目六"文件夹中的"36.psd"文件，将其中的图像复制到"35.jpg"图像窗口中。

（3）打开本书配套素材"项目六"文件夹中的"37.psd"文件，分别将其中的鱼缸背景、贝壳图像复制到"35.jpg"图像窗口中，然后调整 3 个图层的顺序，并对它们编组，接着为该组添加蒙版，使用"画笔工具" 将部分图像隐藏。

（4）打开本书配套素材"项目六"文件夹中的"38.psd"文件，将其中的图像复制到"35.jpg"图像窗口中，然后将复制得到的图层的"混合模式"设为叠加，接着复制出多条鱼，分别调整其大小和位置，最后在所有鱼所在的图层间建立链接关系。

（5）打开本书配套素材"项目六"文件夹中的"39.png"文件，将其中的图像复制到"35.jpg"图像窗口中，然后旋转该图像。

（6）打开本书配套素材"项目六"文件夹中的"40.psd"文件，将其中的图像复制到"35.jpg"图像窗口中，然后将复制得到的图层的"混合模式"设为划分，接着为该图层创建蒙版，并使用"画笔工具" 将部分图像隐藏，最后将"36.png"文件中的水珠复制到"35.jpg"图像窗口中。

（7）打开本书配套素材"项目六"文件夹中的"41.psd"文件，将其中的图像复制到"35.jpg"图像窗口中，并移至合适的位置。

（8）使用"横排文字工具" 在图像窗口中输入"BON-ERM"，设置"字体"为 Roboto，"字体大小"为 36 点，"文本颜色"为黄绿色（#e4ff00），然后为文字添加"描边"图层样式。图 6-92 为化妆品广告的制作步骤。

项目六　使用图层和蒙版

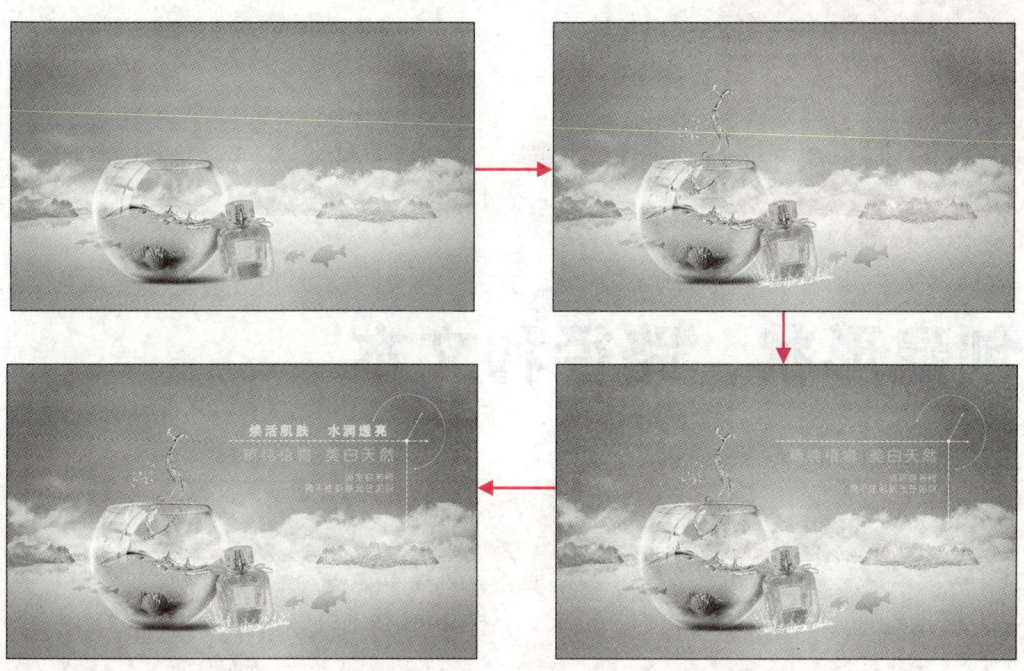

图 6-92　化妆品广告的制作流程

175

项目七

创建形状、路径和文本

Photoshop 虽然主要用于处理位图，但也提供了多种矢量图绘制工具与文本编辑工具，使用这些工具不仅可以为图像添加丰富的形状与文本，增强图像的表现力，还可以辅助进行选区创建与处理等操作。本项目将介绍形状、路径和文本相关工具的常用操作。

素质目标

▶ 了解形状、路径、文本与图像之间相互转换的原理及其应用，培养多角度分析问题、解决问题的能力。
▶ 通过理论学习与实践，增加知识储备，提高动手能力。

知识目标

▶ 掌握使用形状工具绘制和编辑形状的方法。
▶ 了解变换形状和栅格化形状图层的方法。
▶ 熟悉"路径"调板的功能。
▶ 掌握描边和填充路径、将路径转换为选区的方法。
▶ 掌握使用文字工具和"字符""段落"调板的方法。
▶ 掌握创建特殊文本的方法。
▶ 了解栅格化文本图层的方法。

能力目标

▶ 能够使用形状工具制作贺卡、绘制插画等。
▶ 能够使用路径工具制作图像，丰富图像的表现效果。
▶ 能够使用文本工具为图像添加说明性文字与装饰性文字。

项目七　创建形状、路径和文本

任务一　制作卡通贺卡——绘制和编辑形状

任务说明

在 Photoshop 中，使用形状工具组、钢笔工具组和选择工具组中的各工具可以绘制、编辑各种形状，用于辅助绘画。下面通过制作如图 7-1 所示的卡通贺卡，学习形状的绘制和编辑方法。

素材：素材与实例\项目七\1.jpg
效果：素材与实例\项目七\卡通贺卡.psd

图 7-1　卡通贺卡

相关知识

一、绘制形状

使用形状工具组和钢笔工具组（见图 7-2）中的各工具可以绘制预设形状与自由形状。

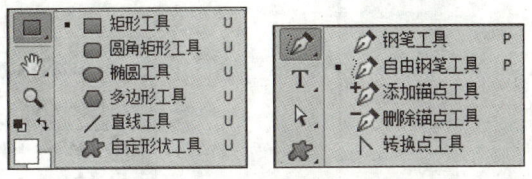

图 7-2　形状工具组和钢笔工具组

（一）绘制预设形状

使用形状工具组中的各工具可以绘制 Photoshop 预设的各种形状，各工具的功能如下：

(1)"矩形工具"　：用于绘制矩形。

177

（2）"圆角矩形工具"：用于绘制圆角矩形。

（3）"椭圆工具"：用于绘制椭圆形或圆形。

（4）"多边形工具"：用于绘制多边形，包括凸多边形（如三角形、五边形、八边形等）与凹多边形（如四角星形、五角星形等）。

（5）"直线工具"：用于绘制直线，包括实线、虚线、带箭头的直线等。

（6）"自定形状工具"：用于绘制 Photoshop 内置的各种特殊形状，如动物形状、箭头形状等。选择"自定形状工具"，单击工具属性栏中的"形状"列表框，在弹出的下拉列表中选择需要绘制的形状，然后在图像窗口中拖动鼠标，即可绘制该形状，如图 7-3 所示。若下拉列表中没有所需形状，可单击下拉列表右上角的按钮，从弹出的下拉列表中添加形状，如图 7-4 所示。

图 7-3 绘制预设形状

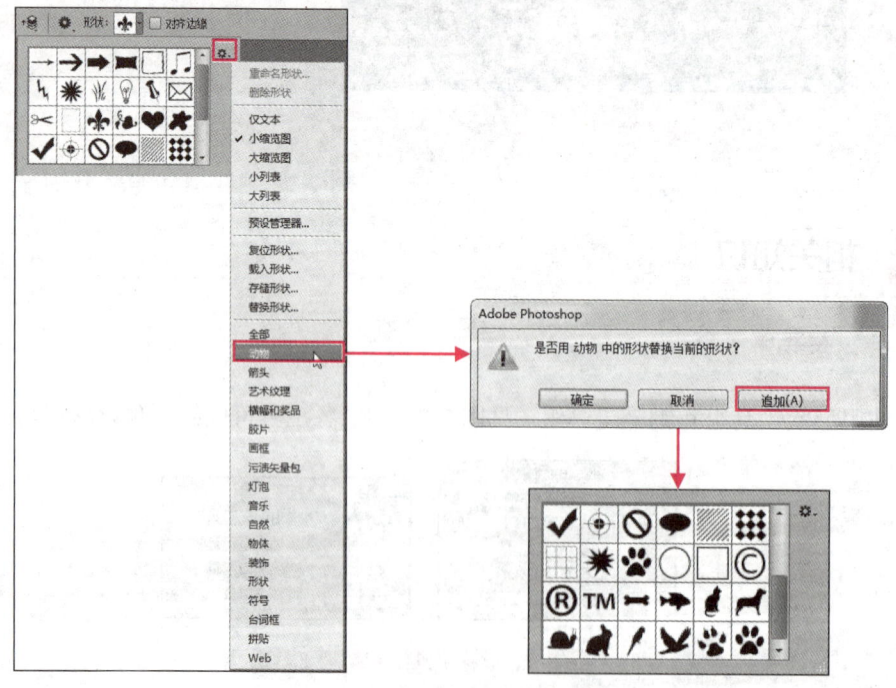

图 7-4 添加形状

（二）绘制自由形状

使用钢笔工具组中的"钢笔工具"和"自由钢笔工具"可以绘制自由形状。

使用"钢笔工具" 可以通过创建直线锚点和曲线锚点来绘制连续的直线或曲线，如图 7-5 所示。选择"钢笔工具" ，在图像窗口中单击可创建直线锚点，直线锚点与直线锚点之间的连线为直线；单击并拖动可创建曲线锚点，曲线锚点与其他锚点之间的连线为曲线。将光标移至起点时，光标显示为 ，此时单击可封闭形状；若想在封闭形状前结束绘制，则需按两次"Esc"键。

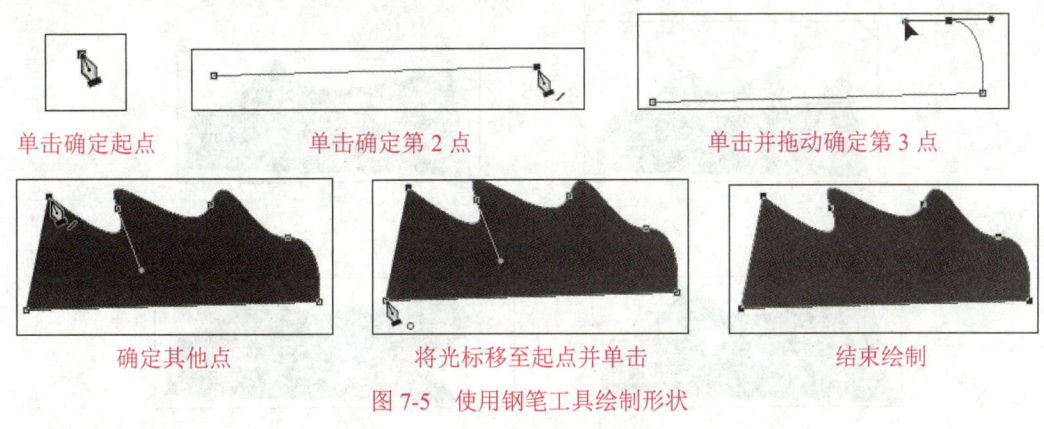

图 7-5　使用钢笔工具绘制形状

使用"自由钢笔工具" 可以绘制任意图形。绘制时，只需按住左键并沿要绘制的轨迹拖动即可。

二、编辑形状

使用钢笔工具组和选择工具组（见图 7-6）中的各工具可以对形状进行编辑，包括调整锚点和选择、复制、移动、删除形状。

图 7-6　选择工具组

（一）调整锚点

选择"直接选择工具" ，单击形状边线可显示形状的锚点，单击锚点可显示锚点的方向控制柄。显示锚点或锚点的方向控制柄后，单击锚点并拖动可移动锚点的位置，单击方向控制柄的端点并拖动可调整边线弧度，如图 7-7 所示。

 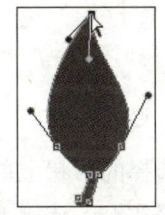 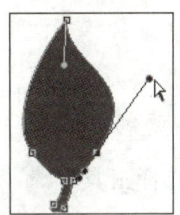

图 7-7　使用"直接选择工具"调整锚点

小技巧

使用"钢笔工具" 绘制图形时，按住"Ctrl"键不放，可将当前工具快速切换为"直接选择工具" 。

选择"钢笔工具"、"自由钢笔工具"或"删除锚点工具",将光标移至形状边线上的锚点时,光标显示为,此时单击可删除锚点,如图 7-8 所示;选择"钢笔工具"、"自由钢笔工具"或"添加锚点工具",将光标移至形状边线上的非锚点位置时,光标显示为,此时单击可添加锚点,单击并拖动可添加锚点并调整形状的外观,如图 7-9 所示。

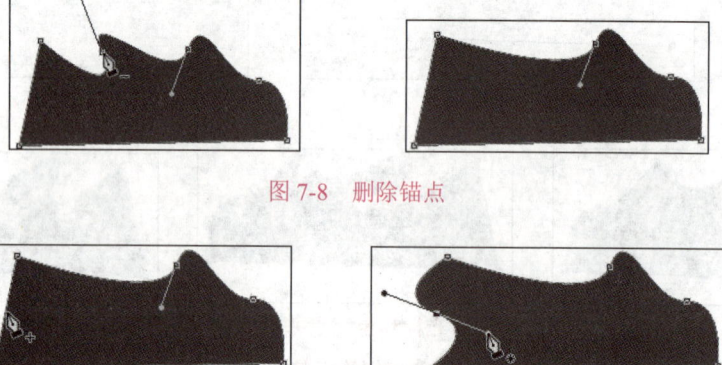

图 7-8　删除锚点

图 7-9　添加锚点并调整形状的外观

Photoshop 中的锚点有 3 类,分别是直线锚点、曲线锚点与贝叶斯锚点,使用"转换点工具"可改变锚点类型:选择"转换点工具",单击曲线锚点或贝叶斯锚点,可将其转换为直线锚点,如图 7-10(a)所示;单击直线锚点并拖动,可将其转换为曲线锚点,如图 7-10(b)所示;单击曲线锚点的方向控制柄端点并拖动,可将其转换为贝叶斯锚点,如图 7-10(c)所示。

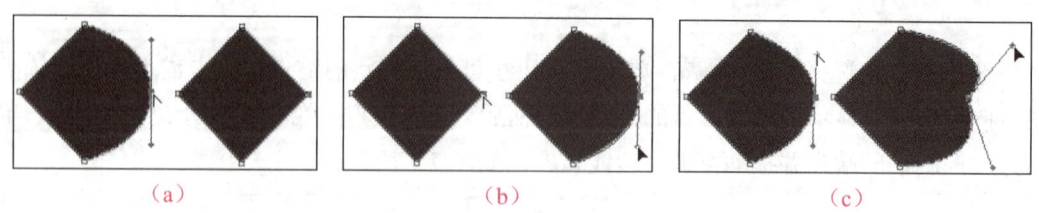

(a)　　　　　　　(b)　　　　　　　(c)

图 7-10　使用"转换点工具"改变锚点类型

(二)选择、复制、移动、删除形状

选择"路径选择工具",在要选择的形状上单击可选中该形状;拖动鼠标框选或按住"Shift"键依次单击可同时选中多个形状。使用"路径选择工具"选中一个或多个形状后,将光标放在选中的形状上,拖动鼠标即可移动选中的形状,按住"Alt"键拖动鼠标即可复制选中的形状,按"Delete"键即可删除形状。

项目七 创建形状、路径和文本

任务实施——制作卡通贺卡

步骤1 打开本书配套素材"项目七"文件夹中的"1.jpg"文件,将前景色设为黄色(#f2de81),将背景色设为黑色。选择形状工具组中的"椭圆工具" ,在工具属性栏中选择"形状"工具模式,如图7-11所示。在图像窗口中拖动鼠标,绘制一个椭圆,如图7-12所示。此时,软件自动生成一个名为"椭圆1"的形状图层。

制作卡通贺卡

图7-11 工具属性栏

图7-12 绘制椭圆

知识库

如图7-11所示的工具属性栏中常用列表框、编辑框和按钮的功能如下:

"选择工具模式"列表框:在其下拉列表中可选择"形状""路径""像素"3种工具模式。选择"形状"工具模式可绘制形状,选择"路径"工具模式可创建路径,选择"像素"工具模式可绘制位图。

"设置形状填充类型"列表框和"设置形状描边类型"列表框:在其下拉列表中可选择使用纯色、渐变颜色或图案对形状进行填充或描边,也可将形状设为无填充或无描边。

"设置形状描边宽度"编辑框:在其中输入相应的数值,可设置形状描边的宽度,单位为像素。

"设置形状描边类型"列表框:在其下拉列表中可设置形状描边的线型(如实线、虚线等)与端点形状等。

"**路径操作**"**按钮**：单击该按钮，可选择多个形状的叠加方式。选择"新建图层"选项时，新形状会被保存在新的形状图层中，与旧形状之间互不影响；选择其他选项时，新形状会被保存在当前形状图层中，并与当前形状图层中的形状产生相应的叠加效果，如图 7-13 所示。

合并形状　　　　　减去顶层形状　　　　与形状区域相交　　　　排除重叠形状

图 7-13　形状的叠加效果

步骤 2　选择"直接选择工具"，然后单击图像窗口中椭圆左侧的锚点，显示方向控制柄，如图 7-14（a）所示。将光标移至方向控制柄的上端，按住"Alt"键的同时，按住左键不放并向右拖动，将椭圆调整成如图 7-14（b）所示的形状。以同样的方式调整其他锚点，将椭圆调整成如图 7-14（c）所示的形状。

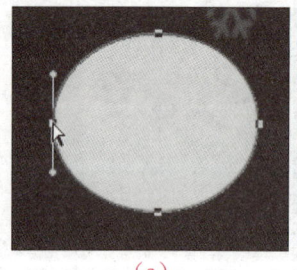

（a）　　　　　　　　（b）　　　　　　　　（c）

图 7-14　调整椭圆形状

步骤 3　选择"椭圆工具"，在工具属性栏中单击"路径操作"按钮，选择"合并形状"选项，然后在如图 7-15（a）所示的位置绘制一个椭圆，作为老鼠的一只耳朵。

步骤 4　在工具属性栏中单击"路径操作"按钮，选择"新建图层"选项，然后在如图 7-15（b）所示的位置绘制一个椭圆，作为老鼠的另一只耳朵。此时软件自动生成一个名为"椭圆 2"的形状图层。

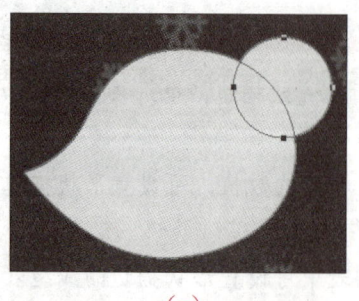 

（a）　　　　　　　　　　　　　　　　（b）

图 7-15　绘制耳朵

步骤 5 在"图层"调板中将"椭圆 2"图层拖至"椭圆 1"图层下,并为"椭圆 2"添加"描边"样式,参数设置如图 7-16(a)所示。参数设置好后,单击"确定"按钮,关闭对话框,在"图层"调板中将"椭圆 2"图层的描边样式复制到"椭圆 1"图层中,效果如图 7-16(b)所示。

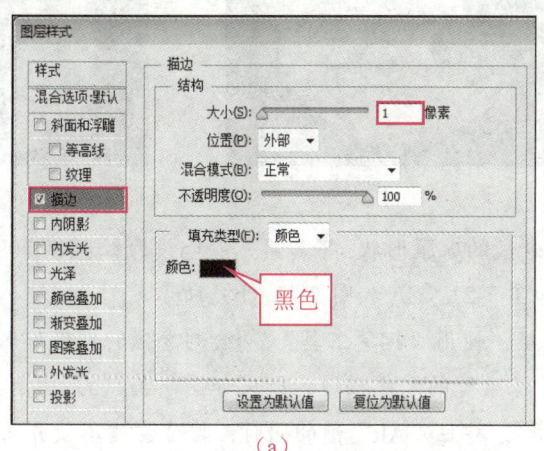
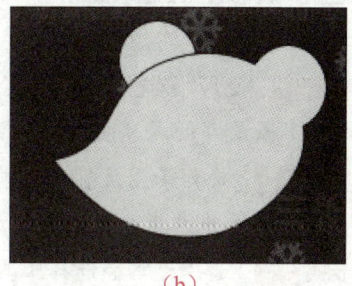

(a)　　　　　　　　　　　　　(b)

图 7-16　添加并复制"描边"样式

步骤 6 使用"椭圆工具" ◯ 在如图 7-17(a)所示的位置绘制一个圆,将其填充颜色设为白色,然后为其添加"椭圆 1"图层的"描边"样式。使用"椭圆工具" ◯ 在白色圆内绘制一个黑色圆,完成一只眼睛的绘制,效果如图 7-17(b)所示。使用相同的方法绘制另一只眼睛,效果如图 7-17(c)所示。

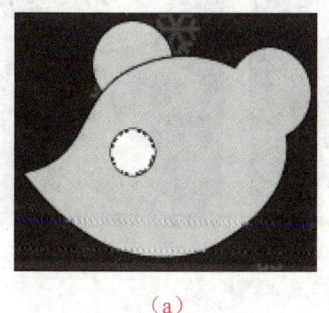
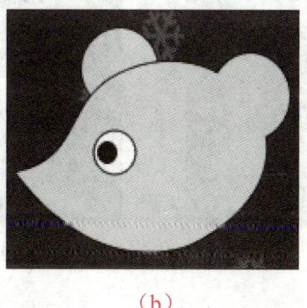

(a)　　　　　　　　(b)　　　　　　　　(c)

图 7-17　绘制眼睛

步骤 7 使用"椭圆工具" ◯ 绘制一个黑色椭圆与一个白色椭圆,作为老鼠的鼻子,效果如图 7-18 所示。选择"直线工具" ╱ ,在如图 7-19 所示的位置绘制 6 条黑色直线,并分别为其所在图层添加 1 像素宽的黑色描边,作为老鼠的胡须。

步骤 8 将前景色设为黄色(#f2de81),并将背景图层设为当前图层。选择"钢笔工具" ✎ ,在工具属性栏中选择"形状"工具模式,然后在图像窗口中连续单击并拖动鼠标,绘制老鼠的身体形状。当光标移至起点处并且呈 ○ 形状时,单击左键可结束绘制,形成一个封闭的形状。在工具属性栏中为其填充前景色,在"图层"调板中为其所在图层添加 1 像素宽的黑色描边，效果如图 7-20 所示。

图 7-18　绘制鼻子

图 7-19　绘制胡须

图 7-20　绘制身体

步骤 9　使用"钢笔工具"  绘制老鼠的衣服形状，将其填充颜色设为红色（#fc090f），为其添加 1 像素宽的黑色描边，效果如图 7-21（a）和图 7-21（b）所示。

步骤 10　将背景图层置为当前图层，使用"钢笔工具"绘制老鼠的左胳膊形状，为其填充前景色并为其所在图层添加 1 像素宽的黑色描边，效果如图 7-22（a）所示。

步骤 11　选择"路径选择工具"，按住"Alt"键的同时，按住左键不放并向右拖动左胳膊形状，将其复制。按"Ctrl+T"快捷键显示变换框，选择"编辑"→"变换路径"→"水平翻转"菜单项，将左胳膊形状水平翻转，最后将水平翻转后的左胳膊形状移至身体右侧，按"Enter"键，确认操作，效果如图 7-22（b）所示。

（a）　　　　（b）
图 7-21　绘制衣服

（a）　　　　（b）
图 7-22　绘制胳膊

步骤 12　在背景图层之上新建一个图层，选择"画笔工具"，在工具属性栏中设置画笔"大小"为 5 像素，"硬度"为 100%，然后在图像窗口中绘制老鼠的尾巴形状，效果如图 7-23 所示，最后为尾巴形状所在图层添加 1 像素宽的黑色描边，效果如图 7-1 所示。至此，卡通贺卡就制作完成了。

图 7-23　绘制尾巴

课堂实训——绘制卡通画

利用本任务所学的知识绘制如图7-24所示的卡通画。本实训的最终效果见本书配套素材"项目七"文件夹中的"卡通画.psd"。

图7-24　卡通画

提示：

打开本书配套素材"项目七"文件夹中的"2.jpg"文件。使用"椭圆工具"和"钢笔工具"绘制猴子的脸和耳朵，使用"直线工具"绘制猴子的眼睛，使用"钢笔工具"绘制猴子的鼻子，使用"矩形工具"和"椭圆工具"绘制猴子的衣服，使用"钢笔工具"绘制猴子的四肢。

知识拓展——变换形状和栅格化形状图层

绘制好形状后，"编辑"菜单中的"自由变换"和"变换"菜单项的位置将变为"自由变换路径"和"变换路径"菜单项，选择其中一个菜单项即可使用变换图像的方法来变换形状。

选择"图层"→"栅格化"→"形状"或"图层"菜单项，或在"图层"调板中右击形状图层，在弹出的快捷菜单中选择"栅格化图层"，可将形状图层转换为普通图层，将图层中的形状转换为图像。

任务二 制作七夕海报——路径操作

任务说明

路径与形状的绘制、编辑方法相同，但路径被保存在"路径"调板中的路径层，而非图层。此外，路径本身不会在输出的图像中显示，只有对路径进行描边和填充后，它才会成为可见图像。下面通过制作如图 7-25 所示的七夕海报，学习路径的相关操作。

素材：素材与实例\项目七\6.jpg
效果：素材与实例\项目七\七夕海报.psd

图 7-25 七夕海报

相关知识

一、"路径"调板

选择"窗口"→"路径"菜单项，可以打开"路径"调板，"路径"调板是管理和对路径进行操作的主要场所，如图 7-26 所示。路径被分类储存在不同的路径层中，每个路径层中可包含多个子路径。

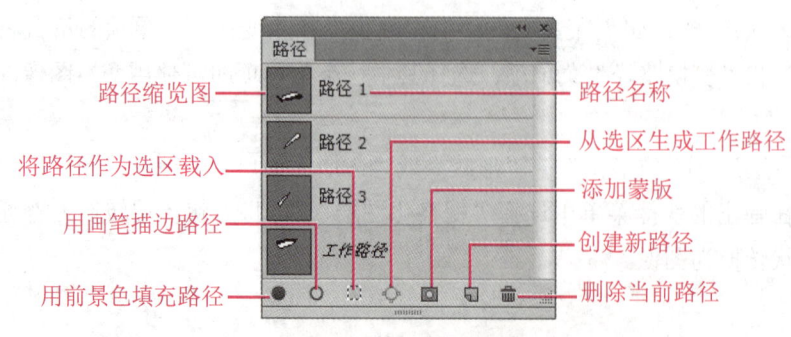

图 7-26 "路径"调板

项目七 创建形状、路径和文本

单击调板底部的"创建新路径"按钮,可以创建一个路径层。要在某个路径层中绘制路径,可先单击该路径层将其设为当前路径层。绘制路径时,若未选中任何路径层,则绘制的路径将被自动储存在名为"工作路径"的路径层中。双击"工作路径"层,可将其转换为普通路径层。

> **小贴士**
>
> 绘制路径时,若未选中任何路径层,且"工作路径"层中已存在子路径,则已存在的子路径会被新绘制的路径替换;若选中了"工作路径"层,则新绘制的路径会添加到"工作路径"层中,不会替换已存在的子路径。

在"路径"调板中选择、重命名、复制、删除路径层等操作与在"图层"调板中对应的图层操作相似,此处不再赘述。

二、对路径进行描边和填充

对路径进行描边和填充后,描边和填充内容将会作为图像储存在图层中。对路径进行描边和填充的具体操作方法将在任务实施中讲解。

三、将路径转换为选区

执行以下任一操作可将路径转换为选区:
(1)单击"路径"调板底部的"将路径作为选区载入"按钮。
(2)在"路径"调板中选中路径层后,按"Ctrl+Enter"快捷键。
(3)按住"Ctrl"键的同时,单击"路径"调板中的路径缩览图。

> **探讨分享**
>
> 根据将路径转换为选区的方法,通过实操探索将形状转换为选区的方法,并与同学分享。

任务实施——制作七夕海报

步骤 1 打开本书配套素材"项目七"文件夹中的"6.jpg"文件。选择"窗口"→"路径"菜单项,打开"路径"调板,在其中可看到该文件包含1个路径。

步骤 2 在"图层"调板中新建一个图层,设置前景色为蓝色(#0172fd),然后选中"画笔工具",在工具属性栏中设置画笔"大小"为50像素,"硬度"为0%。在"路径"调板中选中"路径1",单击调板右上角的

制作七夕海报

按钮，在打开的下拉列表中选择"描边路径"选项，打开"描边路径"对话框，在"工具"下拉列表中选择"画笔"选项，单击"确定"按钮，为"路径1"描边，效果如图7-27所示。

图7-27　对路径进行描边（1）

步骤 3 在"图层"调板中新建一个图层，设置前景色为浅绿色（#02eee1），在工具属性栏中设置画笔"大小"为20像素，"硬度"为0%。在"路径"调板中选中"路径1"，再次使用画笔对路径进行描边，效果如图7-28（a）所示。

步骤 4 在"图层"调板中新建一个图层，设置前景色为白色，在工具属性栏中设置画笔"大小"为5像素，"硬度"为0%。在"路径"调板中选中"路径1"，再次使用画笔对路径进行描边，效果如图7-28（b）所示。

（a）　　　　　　　　　　　　　　　（b）

图7-28　对路径进行描边（2）

步骤 5 选择"自定形状工具" ，在工具属性栏中选择"路径"工具模式与"红心形卡"形状，如图7-29所示。在"路径"调板的空白处单击，然后在图像窗口中绘制一个心形路径，如图7-30所示。由于没有新建路径层，因此新绘制的路径将会储存在"工作路径"层中。

图7-29　工具属性栏

项目七　创建形状、路径和文本

图 7-30　绘制心形路径

步骤 6　单击"路径"调板右上角的 ≡ 按钮,在打开的下拉列表中选择"填充路径"选项,打开"填充路径"对话框,为心形路径填充淡紫色(#c600ff),如图 7-31 所示。至此,七夕海报就制作完成了。

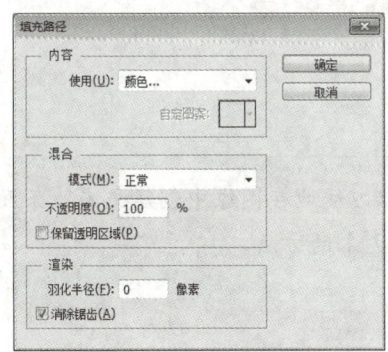 

图 7-31　对路径进行填充

小贴士

"路径"调板中存在多个路径层时,在描边和填充路径前需要先选中相应的路径层。此外,还可以使用"路径选择工具" ▶ 在图像窗口中选中当前路径层中的子路径,对其进行描边和填充。

单击"路径"调板底部的"用前景色填充路径"按钮 ●,可用前景色快速填充当前路径;单击"用画笔描边路径"按钮 ○,可用当前属性的画笔工具快速描边当前路径。若按住"Alt"键单击这两个按钮,则可打开"填充路径"和"描边路径"对话框。

课堂实训——绘制常春藤

利用本任务所学的知识绘制如图 7-32 所示的常春藤。本实训的最终效果见本书配套素材"项目七"文件夹中的"常春藤.psd"。

189

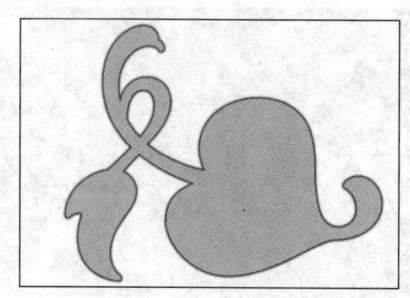

图 7-32　常春藤

提示：

使用"自定形状工具" 绘制常春藤路径，然后对路径进行描边和填充。

任务三　制作企业宣传单——创建普通文本

任务说明

在 Photoshop 中，使用文字工具组中的工具可以方便地在图像中创建文本。下面通过制作如图 7-33 所示的企业宣传单，学习创建普通文本的方法。

素材：素材与实例\项目七\8.jpg 和 11.psd

效果：素材与实例\项目七\企业宣传单.psd

图 7-33　企业宣传单

相关知识

一、文字工具

Photoshop 的文字工具组中有 4 种文字工具，分别为"横排文字工具" T、"直排文字工具"、"横排文字蒙版工具"和"直排文字蒙版工具",如图 7-34 所示。使用"横排文字工具"和"直排文字工具"可以输入横排或直排的点文本或段落文本,并生成文本图层;使用"横排文字蒙版工具"和"直排文字蒙版工具"可以创建文字形状的选区,不生成文本图层。

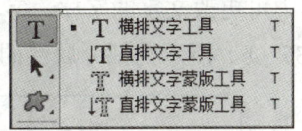

图 7-34 文字工具组

选择文字工具后,在图像窗口中单击可以输入点文本;在图像窗口中拖动鼠标,创建文本框后,可以输入段落文本。如果需要输入的文字较少,宜输入点文本,以便对文字进行艺术化处理;如果需要输入的文字较多,宜输入段落文本,以便对文字进行排版。

> **小贴士**
>
> 选中文本图层(不要进入文本编辑状态),然后选择"类型"→"转换为段落文本"或"转换为点文本"菜单项,可以转换文本的类型。

创建文本后,选择"横排文字工具"或"直排文字工具",然后将光标移至文字区单击,软件会自动将文本图层置为当前图层,并进入文字编辑状态,此时可拖动鼠标选中单个或多个文字,如图 7-35 所示。双击文本图层的缩览图可以选中图层中的所有文字,如图 7-36 所示。

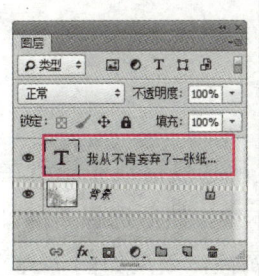
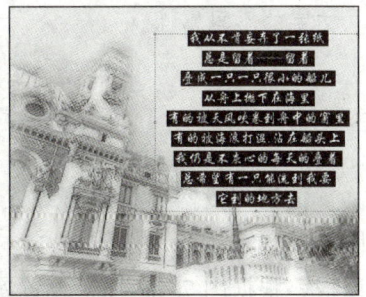

图 7-35 选中部分文字　　　　图 7-36 选中文本图层中的所有文字

> **做一做**
>
> 打开本书配套素材"项目七"文件夹中的"3.psd"文件,使用不同方法选择文本图层中的文字。

二、"字符"调板

除了使用工具属性栏设置文字属性外，也可在输入文本后，选中要设置属性的文字，然后单击工具属性栏中的"切换字符和段落面板"按钮，或选择"窗口"→"字符"菜单项，打开"字符"调板，在其中可更改文字的字体、字体大小、颜色、行距、字距等属性，如图7-37（a）所示。图7-37（b）所示为部分属性的设置效果。

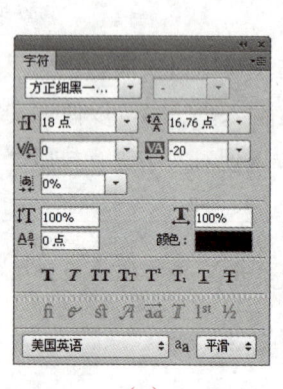

（a）

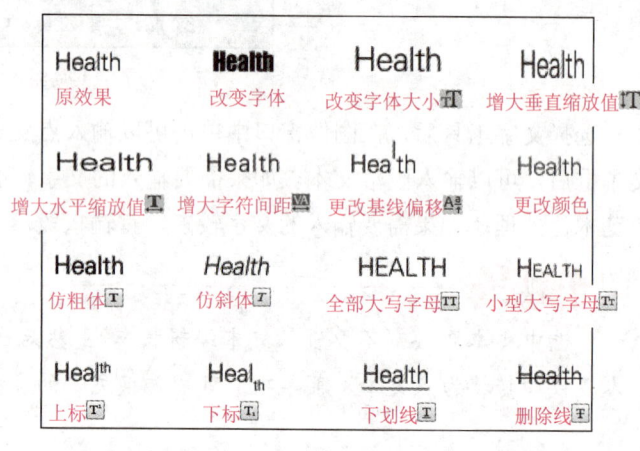

（b）

图7-37 使用"字符"调板设置文字属性

> **做一做**
>
> 打开本书配套素材"项目七"文件夹中的"7.psd"文件，使用"字符"调板设置文字的不同属性。

三、"段落"调板

使用"段落"调板可设置所选段落或光标所在段落的格式。例如，将光标置入如图7-38（a）所示的第1段文本中，然后选择"窗口"→"段落"菜单项，打开"段落"调板，根据图7-38（b）设置属性，效果如图7-38（c）所示。

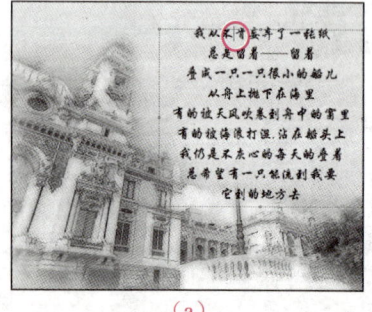

（a）

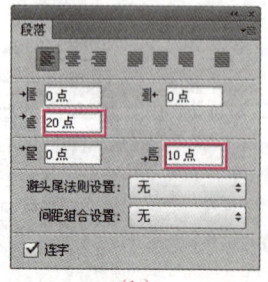

（b）

（c）

图7-38 使用"段落"调板设置段落格式

项目七　创建形状、路径和文本

> **做一做**
>
> 打开本书配套素材"项目七"文件夹中的"3.psd"文件,使用"段落"调板设置段落格式。

任务实施——制作企业宣传单

步骤 1　打开本书配套素材"项目七"文件夹中的"8.jpg"文件。选择"横排文字工具" T ,然后在工具属性栏中将"字体"设为方正黑体简体,将"字体大小"设为36点,将"文本颜色"设为黑色,其他属性保持默认。"横排文字工具" T 的工具属性栏中各按钮、列表框、编辑框的功能如图7-39所示。

制作企业宣传单

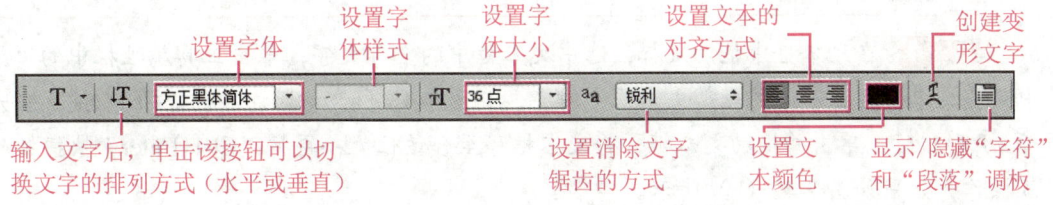

图7-39　工具属性栏

步骤 2　将光标移至如图7-40（a）所示的位置单击,待光标闪烁后输入"有雄心壮志的人在广阔的领域中施展自己的才能"。输入完毕后,单击工具属性栏中的"提交所有当前编辑"按钮 ✓,或者按"Ctrl+Enter"快捷键确认操作,如图7-40（b）所示。此时软件会自动生成一个文本图层,如图7-40（c）所示。

(a)

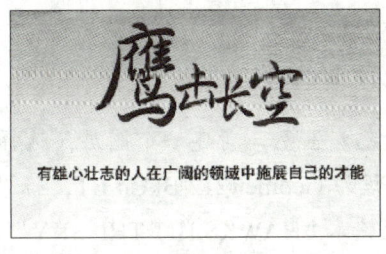
(b)

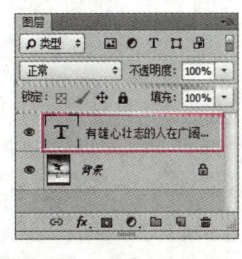
(c)

图7-40　输入点文本

步骤 3　选中背景图层,选择"横排文字工具" T ,在工具属性栏中将"字体"设为方正仿宋简体,将"字体大小"设为35点。将光标移至图像窗口中,拖动鼠标,在如图7-41（a）所示的位置创建一个文本框,待文本框左上角出现闪烁的光标后,输入如图7-41（b）所示的文字。

193

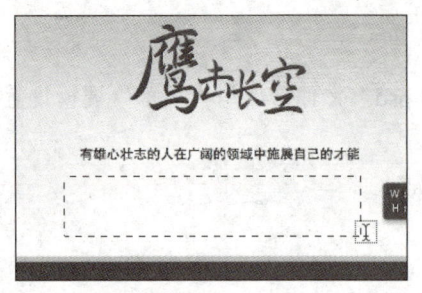

（a）　　　　　　　　　　　　　　（b）

图 7-41　输入段落文本

> **小贴士**
>
> 　　如果文本框的右下角的控制点呈田形状，说明文字过多，超出了文本框范围，此时拖动文本框上的控制点来改变文本框大小（操作方法与自由变换图像相似），即可显示被隐藏的文字。

步骤 4　在文本框中拖动鼠标，选中文本框中的全部文字，单击工具属性栏中的"居中对齐文本"按钮 ≣，将段落文本居中对齐，如图 7-42（a）所示。按住"Ctrl"键，当光标呈 ▶ 形状时，单击并拖动文本框，将文本框移至合适位置，再按"Ctrl+Enter"快捷键确认操作，效果如图 7-42（b）所示。

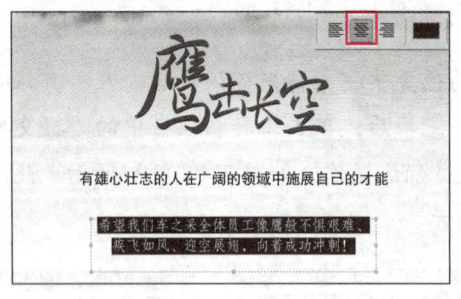

（a）　　　　　　　　　　　　　　（b）

图 7-42　调整文字属性

步骤 5　设置前景色为黑色，新建一个图层，选择"横排文字蒙版工具" ，在工具属性栏中将"字体"设为 Geometr212 BkCn BT，将"字体大小"设为 28 点，然后在如图 7-43（a）所示的位置输入"HAWKS HIT THE SKY"。按"Ctrl+Enter"快捷键确认操作，此时图像窗口中出现文字形状的选区，如图 7-43（b）所示。按"Alt+Delete"快捷键用前景色填充选区，然后按"Ctrl+D"快捷键取消选区，效果如图 7-43（c）所示。

步骤 6　选择"画笔工具" ，在工具属性栏中设置画笔"大小"为 8 像素，"硬度"为 100%，然后在点文本和段落文本之间绘制一条黑色横线，效果如图 7-44 所示。

步骤 7　打开本书配套素材"项目七"文件夹中的"11.psd"文件，将各标志图像复制到"8.jpg"图像窗口中，效果如图 7-45 所示。至此，企业宣传单就制作完成了。

项目七　创建形状、路径和文本

（a）　　　　　　　　　　　　　　　　　（c）

图 7-43　创建并填充文字形状的选区

图 7-44　绘制横线

图 7-45　复制图像

课堂实训——制作旅游宣传海报

利用本任务所学的知识制作如图 7-46 所示的旅游宣传海报。本实训的最终效果见本书配套素材"项目七"文件夹中的"旅游宣传海报.psd"。

图 7-46　旅游宣传海报

提示：

打开本书配套素材"项目七"文件夹中的"12.jpg"文件，使用"横排文字工具" T 和"直排文字工具" IT 输入点文本和段落文本，并设置合适的文字属性；使用"横排文字蒙版工具"创建文字选区，填充颜色，删除多余的填充区域，并为其所在图层添加图层样式。

任务四　制作音乐节广告——创建特殊文本

任务说明

在 Photoshop 中，除了可创建普通文本以外，还可创建具有艺术效果的特殊文本。下面通过制作如图 7-47 所示的音乐节广告，学习创建特殊文本的方法。

素材：素材与实例\项目七\15.jpg
效果：素材与实例\项目七\音乐节广告.psd

图 7-47　音乐节广告

相关知识

一、沿形状或路径输入文字

绘制形状或路径后，选择文字工具，将光标移至图像窗口中的形状或路径边线上，当光标呈 形状时，单击左键，即可沿形状或路径输入文字。

二、在封闭形状或路径内部输入文字

绘制封闭形状或路径后，选择文字工具，将光标移至图像窗口中的封闭形状或路径内部，当光标呈 形状时，单击左键，即可在形状或路径内部输入文字。

三、创建变形文字

选中文本图层，选择"类型"→"文字变形"菜单项，或单击文字工具属性栏中的"创建文字变形"按钮，在"变形文字"对话框中的"样式"下拉列表中选择所需样式，并设置弯曲度和扭曲度等，单击"确定"按钮，即可创建呈弧形、波浪形等特殊效果的变形文字。

四、转换文字为形状或路径

选中文本图层后，选择"类型"→"转换为形状"菜单项，即可将文字转换为形状，将文本图层转换为形状图层；选择"类型"→"创建工作路径"菜单项，即可创建文字轮廓形状的路径。将文字转换为形状或路径后，可使用形状工具或路径工具修改文字形状，如图 7-48 所示。

图 7-48　修改文字形状

> **做一做**
>
> 打开本书配套素材"项目七"文件夹中的"14.psd"文件，将文字转换为形状或路径，使用形状工具或路径工具修改文字形状。

任务实施——制作音乐节广告

步骤 1　打开本书配套素材"项目七"文件夹中的"15.jpg"文件，选择"横排文字工具"，在工具属性栏中将"字体"设为汉仪粗宋简，"字体大小"设为 100 点，"文本颜色"设为白色，然后在合适位置注写文字"打开音乐之门"，效果如图 7-49 所示。

制作音乐节广告

步骤 2　单击工具属性栏中的"创建文字变形"按钮，打开"变形文字"对话框，然后在样式下拉列表框中选择"旗帜"，并设置"弯曲"为+30%［见

图 7-50（a）]，单击"确定"按钮，创建变形文字，效果如图 7-50（b）所示。

 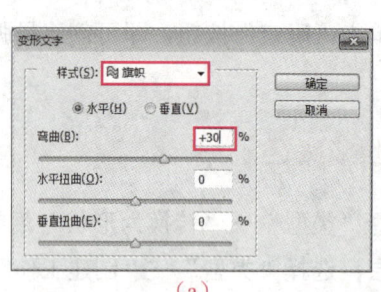 

(a)   (b)

图 7-49 输入文本（1）   图 7-50 创建变形文字

步骤 3 选择"类型"→"转换为形状"菜单项，将文字转换为形状。使用"路径选择工具" ，选中并删除"音""乐"二字的形状。

步骤 4 选择"横排文字工具" ，在工具属性栏中将"字体"设为李旭科书法，将"字体大小"设为 125 点，将"文本颜色"设为白色，然后在原"音""乐"文字形状所在位置输入"音乐"，效果如图 7-51 所示。若字距过小，可使用"路径选择工具" 选中其他文字形状，调整其位置。

步骤 5 分别为除背景图层以外的所有图层添加"投影"图层样式，参数设置如图 7-52（a）所示，效果如图 7-52（b）所示。

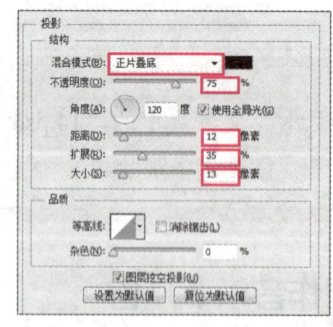

打开音乐之门   (a)   (b)

图 7-51 输入文本（2）   图 7-52 添加"投影"图层样式

步骤 6 使用"钢笔工具" 在图像窗口中绘制如图 7-53 所示的路径。选择"横排文字工具" ，在工具属性栏中将"字体"设为华文中宋，将"字体大小"设为 43 点，将"文本颜色"设为蓝色（#075acb），然后将光标移至图像窗口中的路径上，待光标呈 形状时单击，沿路径输入"在音乐的世界里自由徜徉！"，效果如图 7-54 所示。

项目七 创建形状、路径和文本

图 7-53 绘制路径

图 7-54 沿路径注写文字

> **小贴士**
>
> 输入文字后,选择"直接选择工具" ,将光标移至文字上方,待光标呈 形状后沿路径拖动鼠标,可沿路径移动文字,沿垂直于文字的方向拖动鼠标,可翻转文字。此外,使用"路径选择工具" 移动路径,文字也会随之移动。

步骤 7 新建图层,选择"自定形状工具" ,在图像窗口中绘制一个心形形状,然后为其设置纯色描边与渐变颜色填充。工具属性栏中的参数设置如图 7-55(a)所示,其中"设置形状填充类型" 列表框中的参数设置如图 7-55(b)所示,效果如图 7-55(c)所示。

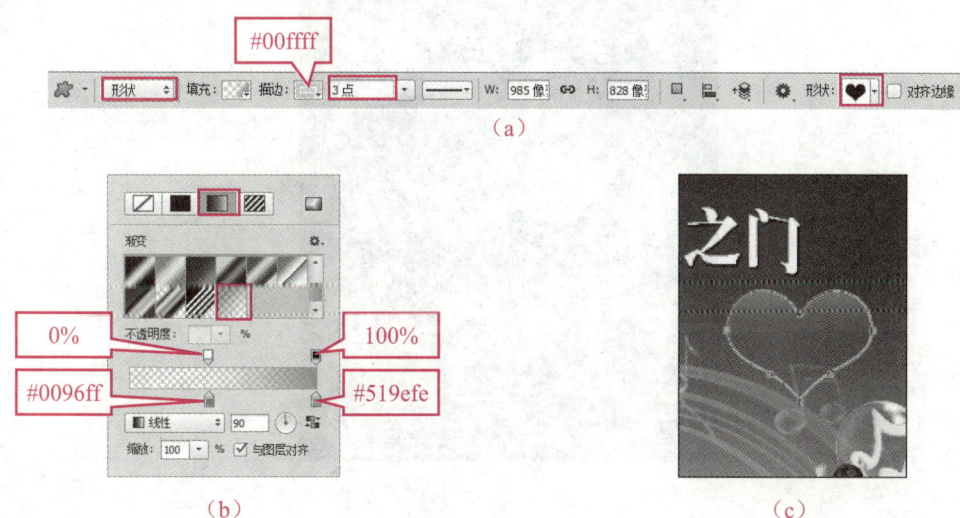

图 7-55 绘制形状并描边、填充

步骤 8 选择"横排文字工具" ,将"字体"设为方正隶变简体,将"字体大小"设为 40 点,将"文本颜色"设为浅黄色(#effd8f),然后将光标移至心形形状内部,当光标呈 时单击,在形状内输入"上海音乐节",如图 7-56 所示,再按"Ctrl+Enter"快捷键确认操作。至此，音乐节广告就制作完成了。

 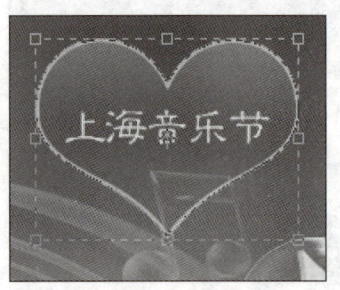

图7-56　在形状内注写文字

课堂实训——制作月饼广告海报

利用本任务所学的知识制作如图7-57所示的月饼广告海报。本实训的最终效果见本书配套素材"项目七"文件夹中的"月饼广告海报.psd"。

图7-57　月饼广告海报

提示：

打开本书配套素材"项目七"文件夹中的"16.psd"文件。使用"椭圆工具"在"月饼"图层下绘制两个圆形形状，使用"横排文字工具"在圆形形状内注写文字；使用"直排文字工具"在图像右上角与左下角创建文本，将其转换为形状并填充渐变颜色，然后为其所在图层添加"投影"图层样式；使用"直排文字蒙版工具"在印章图像上创建选区，然后删除"印章"图层中选区内的图像；使用"横排文字工具"与"直排文字工具"创建其余文字。

知识拓展——栅格化文本图层

选择"图层"→"栅格化"→"文字"或"图层"菜单项，或在"图层"调板中右击文本图层，在弹出的快捷菜单中选择"栅格化文字"，可将文本图层转化为普通图层，将图层中的文本转化为图像。

项目自测

利用本项目所学的知识制作如图7-58所示的端午节海报。案例的最终效果见本书配套素材"项目七"文件夹中的"端午节海报.psd"。

图7-58 端午节海报

提示：

（1）打开本书配套素材"项目七"文件夹中的"17.psd"文件，使用"钢笔工具"沿粽子图像的右半边创建一个封闭路径。将路径转换为选区，删除粽子图像的右半边。

（2）使用"横排文字工具"在路径内部输入相应文字，设置文字属性，并调整部分文字的字体大小。

（3）使用形状工具绘制装饰纹样，然后打开本书配套素材"项目七"文件夹中的"18.psd"文件与"19.psd"文件，将其复制到"17.psd"图像窗口中。

（4）使用"椭圆工具" 绘制3个圆形形状，并在其中注写文字。

（5）使用"横排文字工具" T 与"直排文字工具" IT 创建剩余文本，然后打开本书配套素材"项目七"文件夹中的"20.psd"文件，将其复制到"17.psd"图像窗口中。图7-59为端午节海报的制作步骤。

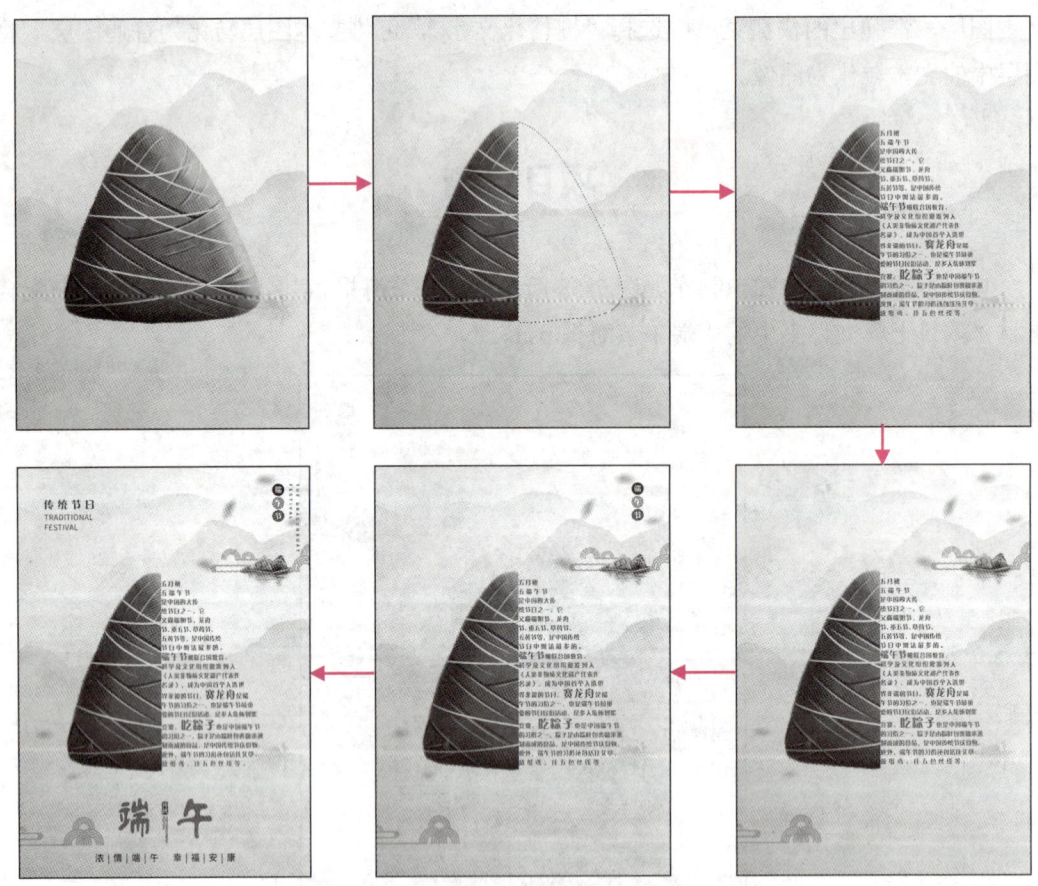

图7-59　端午节海报的制作步骤

项目八

使用通道和滤镜

通道和滤镜是 Photoshop 中的重要功能。使用通道可以更好地调整图像颜色、抠取图像等，使用滤镜可以快速制作出很多特殊的图像效果，如浮雕效果、模糊效果、动感效果等。本项目将介绍通道和滤镜的相关操作。

素质目标

- 通过实践操作培养严谨认真、精益求精的工作态度。
- 在发现问题、解决问题的过程中勤加思考，学会举一反三。

知识目标

- 了解通道、"通道"调板和通道的类型。
- 掌握通道的基本操作。
- 掌握使用滤镜组和滤镜库中滤镜的方法。
- 了解滤镜的使用技巧。
- 掌握"液化"滤镜和"消失点"滤镜的使用方法。

能力目标

- 能够使用通道创建选区并调整图像的色彩和色调。
- 能够使用滤镜为图像添加特殊效果，进行创意设计。

任务一　制作舞蹈培训班招生海报——使用通道

任务说明

通道是图像的重要组成部分，在 Photoshop 中，通过通道的相关操作可以更精确地创建选区、更精细地调整图像颜色等。下面通过制作如图 8-1 所示的舞蹈培训班招生海报，学习通道的相关知识和基本操作。

素材：素材与实例\项目八\2.psd 和 3.png

效果：素材与实例\项目八\舞蹈培训班招生海报.psd

图 8-1　舞蹈培训班招生海报

相关知识

一、通道和"通道"调板

通道主要用于保存图像的颜色信息，也可以用于保存选区等。在 Photoshop 中打开一幅图像后，选择"窗口"→"通道"菜单项，即可打开"通道"调板，看到图像的各通道，如图 8-2 所示。

"通道"调板中的通道名称、通道缩览图和眼睛图标与"图层"调板中的图层名称、图层缩览图和眼睛图标的功能基本相同。不同之处在于，每个通道都有一个对应的快捷键，通过按快捷键可以快速选择通道。"通道"调板中各按钮的功能如下：

（1）"将通道作为选区载入"按钮 ：单击该按钮，可将通道中的部分内容（默认为白色区域）转换为选区。

（2）"将选区存储为通道"按钮 ：单击此按钮可将当前图像中的选区转换为蒙版，

并保存到一个新增的 Alpha 通道中。

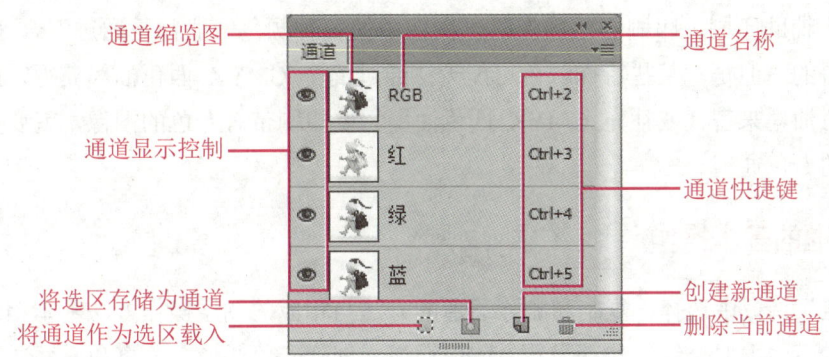

图 8-2 "通道"调板

(3)"创建新通道"按钮：单击该按钮可创建新通道。

(4)"删除当前通道"按钮：单击该按钮可删除当前所选通道。

二、通道的类型

（一）复合通道与单色通道

复合通道与单色通道是默认通道，用于保存图像的颜色信息。不同颜色模式图像的默认通道数量不同，例如，RGB 模式图像的默认通道为 1 个复合通道（"RGB"通道）与 3 个单色通道（"红"通道、"绿"通道与"蓝"通道），CMYK 模式图像的默认通道为 1 个复合通道（"CMYK"通道）与 4 个单色通道（"青色"通道、"洋红"通道、"黄色"通道与"黑色"通道）。

各单色通道均为灰度图像，其灰度级别代表了该颜色的强度，白色最强。

> **做一做**
>
> 打开本书配套素材"项目八"文件夹中的"1.jpg"文件，打开"通道"调板，分别在各单色通道上绘图，查看效果。

（二）Alpha 通道

利用 Alpha 通道可以保存选区，还可以对选区进行各种编辑操作，从而得到更为精确的选区，或制作一些特殊图像效果。

> **小贴士**
>
> 储存选区实质上就是将选区保存在了 Alpha 通道中，载入选区实质上就是将选区从 Alpha 通道中调出。此外，创建图层蒙版实质上也是创建了一个 Alpha 通道。通道、蒙版和选区之间都是可以相互转换的。

（三）专色通道

主要用于辅助印刷。印刷彩色图像时，图像中的各种颜色一般都是通过混合 CMYK 四色油墨获得的。但是，某些特殊颜色可能无法通过混合 CMYK 四色油墨获得，此时便需要利用专色油墨来替代或补充 CMYK 四色油墨。要印刷带有专色的图像，就要为该图像创建相应的专色通道。

三、通道的基本操作

在"通道"调板中选择、复制和删除通道的方法与相应的图层操作方法基本相同，此处不再赘述，下面主要介绍创建和设置 Alpha 通道、创建专色通道、分离和合并通道的相关操作。

（一）创建和设置 Alpha 通道

单击"通道"调板底部的"创建新通道"按钮，可以创建 Alpha 通道。此外，还可以单击"通道"调板右上角的按钮，选择"新建通道"，打开"新建通道"对话框，设置通道名称、通道颜色和不透明度等，单击"确定"按钮，创建 Alpha 通道，如图 8-3 所示。

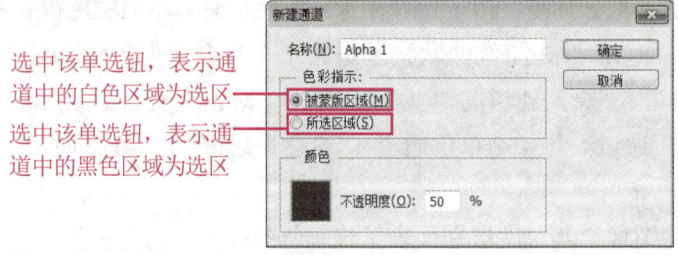

图 8-3　创建 Alpha 通道

创建 Alpha 通道后，如果需要对其重新进行设置，可在选中该通道后，单击"通道"调板右上角的按钮，选择"通道选项"，打开"通道选项"对话框，修改通道名称、通道颜色和不透明度等。

（二）创建专色通道

单击"通道"调板右上角的按钮，选择"新建专色通道"，或按住"Ctrl"键单击"通道"调板底部的"创建新通道"按钮，打开"新建专色通道"对话框，设置专色通道的名称、油墨颜色与油墨密度，单击"确定"按钮，即可创建专色通道。

（三）分离和合并通道

通过分离和合并通道操作，可以对各通道进行单独编辑与重新合并，从而制作特殊图像效果。

单击"通道"调板右上角的按钮，选择"分离通道"，即可将当前图像的各通道分离。分离通道后，原文件被关闭，各通道都以单独的图像窗口显示，且均为灰度图。单击"通道"调板右上角的 按钮，选择"合并通道"，即可将各通道合并。

> **小贴士**
>
> 当图像只有一个图层，且有两个及以上通道时，才能执行分离通道操作；当有两个及以上相同尺寸的灰度图处于打开状态时，才能执行合并通道操作。

任务实施——制作舞蹈培训班招生海报

步骤 1 打开本书配套素材"项目八"文件夹中的"3.png"文件，打开"通道"调板，分别查看各单色通道，如图 8-4 所示。可看出"绿"通道中衣物的不透明与半透明区域对比较为强烈，因此可使用"绿"通道抠取图像。

"红"通道　　　　　"绿"通道　　　　　"蓝"通道

制作舞蹈培训班
招生海报

图 8-4　查看各单色通道

步骤 2 选择"绿"通道，并将其拖至"通道"调板底部的"创建新通道"按钮 上，复制出"绿 拷贝"通道，如图 8-5 所示。

> **小贴士**
>
> 复制通道是为了确保在抠取图像时不破坏原图像，因为复制出来的单色通道将自动转换为 Alpha 通道，改动 Alpha 通道不会对图像本身产生影响。

步骤 3 打开"图层"调板，按住"Ctrl"键单击图层的缩览图，选中人物图像；返回"通道"调板，选中"绿 拷贝"通道。选择"快速选择工具" ，在工具属性栏中单击"从选区减去"按钮 ，并设置合适的画笔属性，然后在衣物的半透明区域涂抹，将这些区域移出选区（部分易被误减的区域可使用"多边形套索工具" 等进行修正）。此时选区中的图像基本为人物与衣物的不透明区域，如图 8-6 所示。

207

图 8-5　复制"绿"通道　　　　　图 8-6　选中人物与衣物的不透明区域

步骤 4　选择"选择"→"修改"→"扩展"菜单项,在打开的"扩展选区"对话框中将"扩展量"设为 10 像素,然后单击"确定"按钮;再选择选择"选择"→"修改"→"羽化"菜单项,在打开的"羽化选区"对话框中将"羽化半径"设为 5 像素,然后单击"确定按钮";最后将选区填充为黑色,效果如图 8-7 所示。

步骤 5　打开"图层"调板,按住"Ctrl"键单击图层的缩览图,选中人物图像,然后按"Ctrl+Shift+I"快捷键反选选区。返回"通道"调板,选中"绿 拷贝"通道,将选区填充为白色,以去除上一步骤中因扩展选区而多出的黑色区域,效果如图 8-8 所示。

图 8-7　扩展、羽化并填充选区　　　　　图 8-8　填充选区

步骤 6　单击"通道"调板中的"将通道作为选区载入"按钮,或按住"Ctrl"键单击"绿 拷贝"通道的缩览图,创建选区,再按"Ctrl+Shift+I"快捷键反选选区。此时通道中黑色的部分被选中,灰色的部分作为半透明区被选中,如图 8-9 所示。

步骤 7　单击"RGB"通道,返回原始图像。打开"图层"调板,复制选区内的图像;再打开本书配套素材"项目八"文件夹中的"2.psd"文件,将复制的图像粘贴到当前窗口中,如图 8-10 所示。此时可以看出,"绿 拷贝"通道中灰色部分对应的图像具有半透明效果,且"绿 拷贝"通道中颜色越浅的部分对应的图像透明度越高。

项目八　使用通道和滤镜

图8-9　创建选区

图8-10　复制图像

步骤 8 在复制的图像所在图层的上方和下方创建相应的文字，并设置合适的文字属性与图层样式。至此，舞蹈培训班招生海报就制作完成了。

课堂实训——制作卫浴广告

利用本任务所学的知识制作如图8-11所示的卫浴广告。本实训的最终效果见本书配套素材"项目八"文件夹中的"卫浴广告.psd"。

图8-11　卫浴广告

提示：

打开本书配套素材"项目八"文件夹中的"4.psd"文件，选择"图层1"，然后在"通道"调板中选择"红"通道；选择"画笔工具"，将前景色设为白色，使用特殊效果

209

画笔在浴缸壁上绘制玫瑰图案，绘制完毕后选择"RGB"通道；打开"5.jpg"文件，使用人物与背景对比最为强烈的"红"通道将人物图像抠取出来，复制到"4.psd"图像窗口中。

任务二　制作植树节海报——使用滤镜组和滤镜库中的滤镜

任务说明

使用 Photoshop 滤镜组和滤镜库中提供的滤镜可以快速制作各种特殊的图像效果。下面通过制作如图 8-12 所示的植树节海报，学习滤镜组和滤镜库中的滤镜的使用方法。

素材：素材与实例\项目八\7.psd
效果：素材与实例\项目八\植树节海报.psd

图 8-12　植树节海报

相关知识

一、滤镜组中的滤镜

Photoshop 将常用滤镜分类放置在"滤镜"菜单中，使用时只需要打开"滤镜"菜单中的滤镜组，选择需要的滤镜即可，如图 8-13 所示。

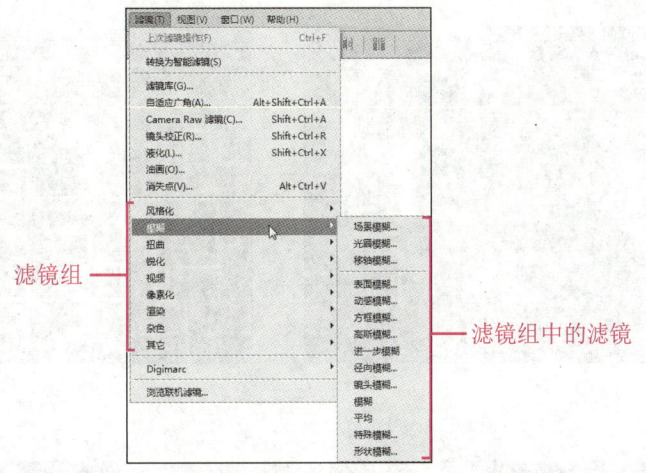

图 8-13 "滤镜"菜单

> **做一做**
>
> 打开本书配套素材"项目八"文件夹中的"6.jpg"文件,参照图 8-14(a)为图像添加"浮雕效果"滤镜。添加滤镜后的效果如图 8-14(b)所示。
>
>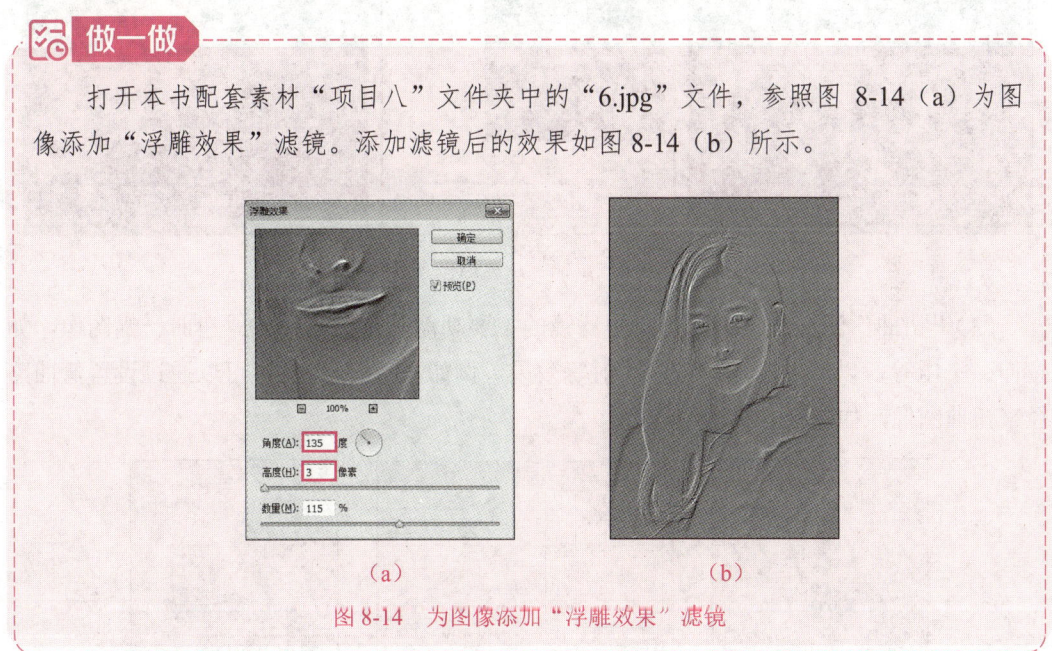
>
> （a）　　　　　　　　　　　　（b）
>
> 图 8-14　为图像添加"浮雕效果"滤镜

常用滤镜组中滤镜的主要功能如下:

(1)"风格化"滤镜组:该滤镜组中滤镜的主要功能是通过移动像素、提高像素的对比度等方式,产生一定的艺术效果。例如,"拼贴"滤镜可将图像分解为一系列方块,从而产生拼贴效果,如图 8-15 所示。

(2)"模糊"滤镜组:该滤镜组中滤镜的主要功能是减弱相邻像素间的对比度,达到柔化图像的效果。其中常用的"高斯模糊"滤镜可有选择地模糊图像,并且可以设置模糊半径,半径数值越小,模糊效果越弱,如图 8-16 所示。

图 8-15 添加"拼贴"滤镜

图 8-16 添加"高斯模糊"滤镜

（3）"扭曲"滤镜组：该滤镜组中滤镜的主要功能是按照各种方式扭曲一幅图像，如拉伸、挤压等，以产生水波、镜面反射等效果。例如，"切变"滤镜可以通过设置弯曲路径来扭曲图像，如图 8-17 所示。

 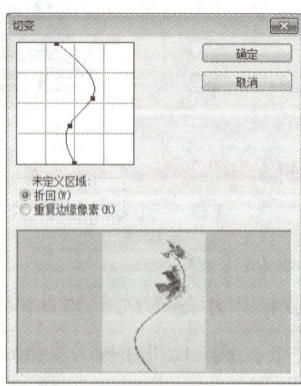 

图 8-17 添加"切变"滤镜

（4）"锐化"滤镜组：该滤镜组中滤镜的主要功能是增强相邻像素间的对比度，达到锐化图像的效果。其中常用的"智能锐化"滤镜采用智能运算方法，可以更好地进行边缘探测，减少锐化后所产生的晕影，从而进一步改善图像边缘细节，如图 8-18 所示。

 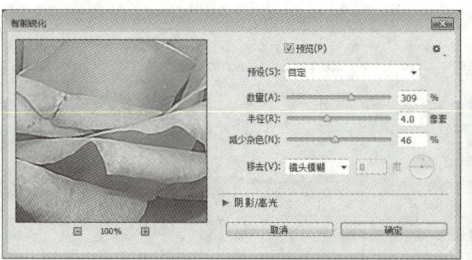 

图 8-18　添加"智能锐化"滤镜

（5）"像素化"滤镜组：该滤镜组中滤镜的主要功能是将图像分块。例如，"晶格化"滤镜可以使相近颜色的像素集中到一个多边形网格中，该滤镜的对话框中有"单元格大小"选项，可用于设置分块的大小，如图 8-19 所示。

 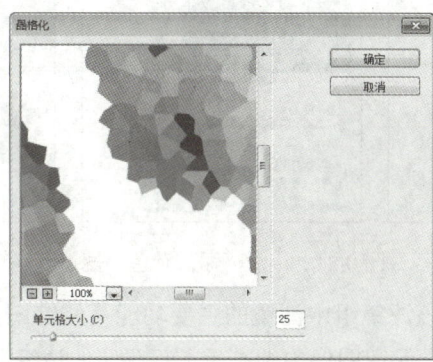 

图 8-19　添加"晶格化"滤镜

（6）"渲染"滤镜组：该滤镜组中的滤镜能够在图像中产生不同的光效。其中，"云彩"和"分层云彩"滤镜的主要功能是生成云彩图像，但两者产生云彩的方法不同。添加"云彩"滤镜产生的云彩图像会将原图全部覆盖，而添加"分层云彩"滤镜不会覆盖原图，两者的效果如图 8-20 所示。

 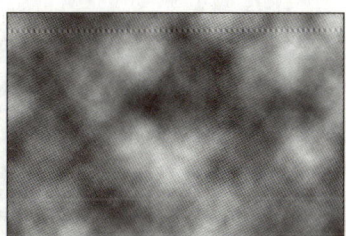 

原图　　　　　　　　　　　添加"云彩"滤镜　　　　　　　　添加"分层云彩"滤镜

图 8-20　添加"云彩"滤镜和"分层云彩"滤镜效果

> 🔧 **小技巧**
>
> 添加"云彩"或"分层云彩"滤镜后，连续按"Ctrl+F"快捷键，重复操作，可随机得到不同的云彩效果。

（7）"杂色"滤镜组：该滤镜组中的滤镜有"中间值""去斑""添加杂色""蒙尘与划痕""减少杂色"等。其中，"添加杂色"滤镜用于增加图像中的杂色，其他均用于去除图像中的杂色。图 8-21 所示为"添加杂色"滤镜的效果。

 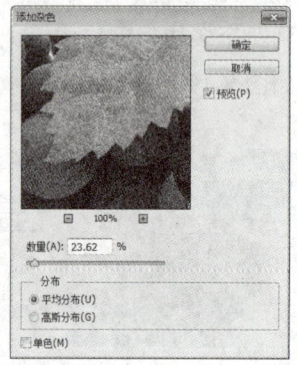 

图 8-21　添加"添加杂色"滤镜

（8）"其他"滤镜组：该滤镜组中滤镜的主要功能是修饰图像的某些细节部分。例如，"高反差保留"滤镜能够通过保留图像中的高反差区域（如边缘和细节）、模糊低反差区域，增强图像的清晰度。

> ⚠️ **小贴士**
>
> 滤镜的处理是以像素为单位的，因此，用相同的参数为不同分辨率的图像添加相同的滤镜，其效果也会不同。此外，在除 RGB 以外的其他颜色模式下，许多滤镜不能使用。例如，在 CMYK 和 Lab 颜色模式下，"画笔描边""素描"和"纹理"等滤镜不能使用。

二、滤镜库中的滤镜

除了滤镜组与特殊滤镜外，Photoshop 还提供了丰富的滤镜库。滤镜库中的滤镜主要用于创建各类艺术效果，如素描、水彩等效果。要使用滤镜库，可选择"滤镜"→"滤镜库"菜单项，打开滤镜库对话框。选择滤镜组中的某个滤镜，然后在对话框中设置相关参数，即可为图像添加滤镜。图 8-22 为选择"龟裂缝"滤镜时的对话框。

项目八　使用通道和滤镜

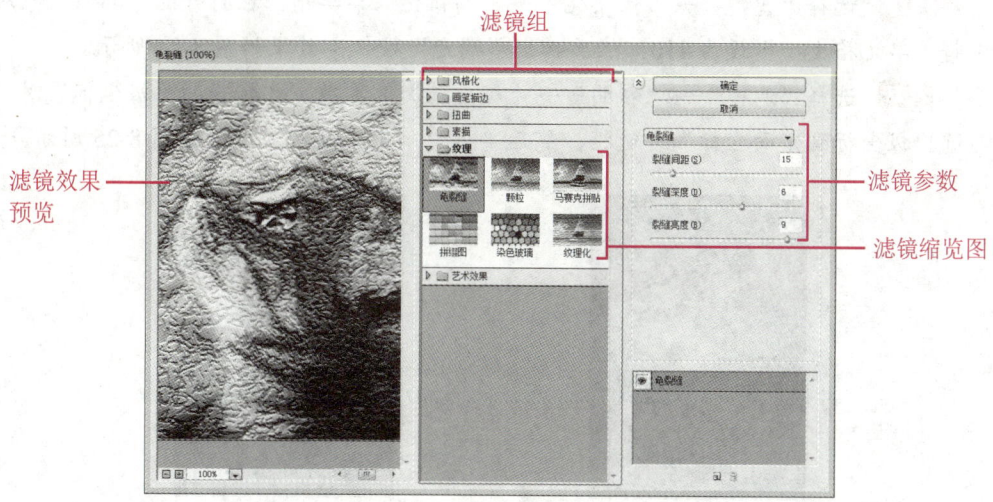

图 8-22　"滤镜库"对话框

要同时应用多个滤镜，可以在对话框右下角单击"新建效果图层"按钮，增加滤镜层。调整滤镜层的顺序可以改变滤镜的应用顺序，产生不同的滤镜效果。单击滤镜层左侧的眼睛图标，可以隐藏该滤镜效果；选中某个滤镜层，单击"删除效果图层"按钮，可以删除该滤镜效果。

任务实施——制作植树节海报

步骤 1　打开本书配套素材"项目八"文件夹中的"7.psd"文件，新建一个图层，将其重命名为"底图 1"，并填充为黑色。

步骤 2　选择"滤镜"→"滤镜库"菜单项，在打开的滤镜库对话框中选择"染色玻璃"滤镜，参数设置如图 8-23（a）所示。单击"确定"按钮，效果如图 8-23（b）所示。

制作植树节海报

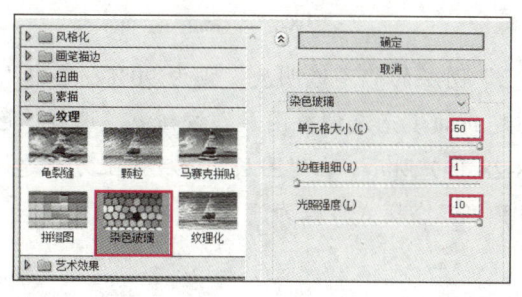
（a）

（b）

图 8-23　添加"染色玻璃"滤镜

215

步骤 3 选择"滤镜"→"像素化"→"晶格化"菜单项,在打开的"晶格化"对话框中将"单元格大小"设为 110,然后单击"确定"按钮,效果如图 8-24 所示。

步骤 4 选择"滤镜"→"扭曲"→"极坐标"菜单项,在打开的"极坐标"对话框中勾选"极坐标到平面坐标"复选框,然后单击"确定"按钮,效果如图 8-25 所示。

图 8-24 添加"晶格化"滤镜　　　　图 8-25 添加"极坐标"滤镜

步骤 5 选择"滤镜"→"滤镜库"菜单项,在打开的滤镜库对话框中选择"喷溅"滤镜,将"喷色半径"设为 25,"平滑度"设为 5,然后单击"确定"按钮,效果如图 8-26 所示。

步骤 6 复制"底图 1"图层,并将其重命名为"底图 2"。将"底图 2"图层旋转 180 度,按"Ctrl+I"快捷键将其反相。将其"混合模式"设为正片叠底,然后下移至合适位置,效果如图 8-27 所示。

图 8-26 添加"喷溅"滤镜　　　　图 8-27 叠加图层

步骤 7 将"底图 1"和"底图 2"图层的"不透明度"设为 90%。选中"底图 2"图层,单击"图层"调板底部的"创建新的填充或调整图层"按钮,选择"色相/饱和度",调整图像颜色,参数设置如图 8-28(a)所示。在"图层"调板最上方新建一个图层,将其填充为浅绿色(#419676),再将其"混合模式"设为滤色,"不透明度"设为 30%,效果如图 8-28(b)所示。

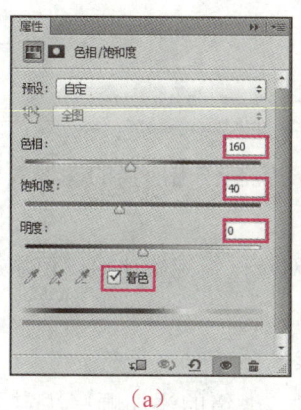
（a）

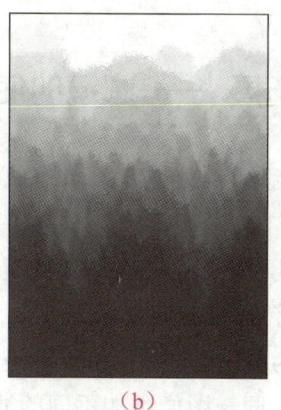
（b）

图 8-28　调整图像色调

步骤 8　在图像底部分别绘制一个浅绿色（#419676）矩形和深绿色（#002518）矩形，然后使用"横排文字工具" T.和"直排文字工具" IT.创建相应的文本。至此，植树节海报就制作完成了。

课堂实训——制作冰雪字

利用本任务所学的知识制作如图 8-29 所示的冰雪字。本实训的最终效果见本书配套素材"项目八"文件夹中的"冰雪字.psd"。

图 8-29　冰雪字

提示：

新建一个文件，创建文本，将其栅格化，并与背景图层合并；选择背景区域，添加"晶格化"滤镜；选择文字区域，添加"添加杂色""高斯模糊"滤镜；将图像旋转 90 度，为其添加"风"滤镜；调整图像颜色。

知识拓展——滤镜的使用技巧

滤镜的功能是非常强大的，要想熟练地使用滤镜制作出所需的图像效果，还需要掌握以下技巧：

（1）为选区内的局部图像添加滤镜时，可以对选区设定羽化值，使添加滤镜的区域与其他区域的交接处更加自然。

（2）可以为单色通道或 Alpha 通道添加滤镜。

（3）可以为同一图像添加不同的滤镜。此时，滤镜的添加顺序决定了图像的最终效果，顺序不同，效果也不同。

（4）按"Ctrl+F"快捷键可重复上次执行的滤镜操作，按"Alt+Ctrl+F"快捷键可打开上次执行滤镜操作的对话框。

（5）按住"Alt"键，滤镜操作对话框中的"取消"按钮会变成"复位"按钮，单击该按钮可将滤镜参数恢复到刚打开对话框时的状态。

任务三 美化照片——使用特殊滤镜

任务说明

除了滤镜组中的滤镜外，"滤镜"菜单中还提供了一些特殊滤镜，如"液化"滤镜、"消失点"滤镜等。下面通过美化如图 8-30（a）所示的照片，学习特殊滤镜的使用方法。照片的美化效果如图 8-30（b）所示。

素材：素材与实例\项目八\8.jpg
效果：素材与实例\项目八\美化照片.jpg

（a）　　　　　　　　　　　　（b）

图 8-30　照片美化前、后效果

项目八 使用通道和滤镜

相关知识

一、"液化"滤镜

选择"滤镜"→"液化"菜单项，打开如图8-31所示的"液化"对话框，可以为图像添加弯曲、漩涡、扩展、收缩、移位、反射等液化效果。

图8-31 "液化"对话框

"液化"对话框中各工具、设置区的功能如下：

（1）"向前变形工具"：选中该工具后，在预览框中拖动鼠标，可以将图像沿拖动方向扭曲。

（2）"重建工具"：用于减弱图像的局部变形程度。

（3）"平滑工具"：用于将图像中粗糙的边缘变得平滑。

（4）"顺时针旋转扭曲工具"：选中该工具后，在预览框中单击或按住左键不放，可以创建旋转扭曲效果。

（5）"褶皱工具"与"膨胀工具"：选中该工具后，在预览框中单击或按住左键不放，可以创建收缩或膨胀效果。

（6）"左推工具"：选中该工具后，在预览框中拖动鼠标，可以将像素沿垂直于拖动方向移动。

219

(7)"冻结蒙版工具"：用于保护图像中的某些区域，避免这些区域被编辑。

(8)"解冻蒙版工具"：用于解冻冻结区域。

(9)"工具选项"设置区：用于设置各工具的参数，如"画笔大小""画笔密度""画笔压力"等。

(10)"重建选项"设置区：用于调整图像的变形程度，或将图像恢复为原始状态。

(11)"蒙版选项"设置区：用于取消、反相被冻结区域，或冻结整幅图像。

(12)"视图选项"设置区：用于控制视图的显示方式。

> **小贴士**
>
> 若"液化"对话框内没有显示"平滑工具"、"顺时针旋转扭曲工具"等工具或"蒙版选项""视图选项"等设置区，可以勾选对话框右侧的"高级模式"复选框。

二、"消失点"滤镜

选择"滤镜"→"消失点"菜单项，打开如图 8-32 所示的"消失点"对话框，可以对包含透视效果的图像中指定的区域进行编辑，并使编辑后的图像符合原有的透视规律。

图 8-32　"消失点"对话框

"消失点"对话框中各工具的功能如下：

(1)"创建平面工具"：用于创建具有透视效果的平面网格。

(2)"编辑平面工具"：用于选择、移动透视平面网格或调整透视平面网格大小。

（3）其他工具：包括"选框工具"、"图章工具"、"画笔工具"、"变换工具"、"吸管工具"、"抓手工具"、"缩放工具"等，这些工具的功能与工具箱中的同类工具相同。

任务实施——美化照片

步骤1 打开本书配套素材"项目八"文件夹中的"8.jpg"文件。选择"滤镜"→"液化"菜单项，打开"液化"对话框，选择对话框左侧的"缩放工具"，在预览窗口框选人物的脸部，将其放大至整个预览窗口。

美化照片

步骤2 选择对话框左侧的"膨胀工具"，在对话框右侧的"工具选项"设置区中设置合适的参数，然后依次在人物的左、右眼睛上单击，以放大眼睛，如图8-33所示。

图8-33 使用"膨胀工具"放大眼睛

步骤3 选择对话框左侧的"向前变形工具"，并设置合适的画笔大小，然后在人物的脸部轮廓处拖动鼠标，以达到瘦脸效果，如图8-34（a）所示。设置不同的画笔参数，继续调整脸部轮廓，至满意后，单击"确定"按钮关闭对话框，效果如图8-34（b）所示。按"Ctrl+S"快捷键，将图像保存。

步骤4 选择"滤镜"→"消失点"菜单项，打开"消失点"对话框，从中选择"创建平面工具"，各项参数保持默认。

(a)　　　　　　　　　　　　　　　(b)

图 8-34　使用"向前变形工具"瘦脸

步骤 5　将光标移至预览窗口中，参考木地板的透视角度，依次单击鼠标，添加 4 个角点，确定一个透视平面网格，如图 8-35 所示。

图 8-35　创建透视平面网格

小技巧

在使用"创建平面工具"创建透视平面网格时，如果添加的角点不正确，可按"Backspace"键删除角点。

如果创建的透视平面网格为红色或黄色，说明平面的透视角度不正确，需要调整角点的位置，直至网格变为蓝色。

步骤 6　选择"消失点"对话框中的"编辑平面工具"，然后分别拖动网格四边上的中间控制点，调整网格的大小，直至其覆盖图像中的书本区域，如图 8-36 所示。

步骤 7　选择"消失点"对话框中的"选框工具"，然后在如图 8-37 所示的位置拖动鼠标，创建一个带有透视效果的选区。

项目八　使用通道和滤镜

图 8-36　调整网格的大小

图 8-37　创建选区

步骤 8　将光标移至选区内,按住"Alt"键拖动鼠标,用选区内的木地板图像遮盖右侧的水果图像,如图 8-38 所示。

小技巧

将选区内的图像复制到目标区域后,可以按方向键微调图像的位置。

步骤 9　取消选区,然后选择"消失点"对话框中的"图章工具",在对话框上方设置"直径"为 270,接着按住"Alt"键,在书本图像旁的木板区域单击,定义参考点,再将光标移至书本上并单击,即可用木板图像遮盖书本图像,如图 8-39 所示。使用同样的方法将书本图像完全遮盖,单击"确定"按钮关闭对话框。至此,人物照片美化工作就完成了。

图 8-38　复制图像到目标区域

图 8-39　使用"图章工具"修复图像

课堂实训——为人物添加烫发效果

使用本任务所学的知识为如图 8-40(a)所示的人物添加如图 8-40(b)所示的烫发效果。本实训的最终效果见本书配套素材"项目八"文件夹中的"为人物烫发.psd"。

（a） （b）

图 8-40 为人物烫发的前、后效果

提示：

打开本书配套素材"项目八"文件夹中的"9.jpg"文件，选择"滤镜"→"液化"菜单项，打开"液化"对话框；使用"液化"对话框中的"冻结蒙版工具"将人物脸部、手部与身体区域冻结，以确保对头发区域进行液化操作时不影响这些区域；使用"液化"对话框中的"顺时针旋转扭曲工具"对头发区域进行液化操作。

项目自测

利用本项目所学的知识修改如图 8-41（a）所示的照片背景，修改效果如图 8-41（b）所示。案例的最终效果见本书配套素材"项目八"文件夹中的"修改照片背景.psd"。

（a） （b）

图 8-41 修改照片背景前、后效果

提示：

（1）打开本书配套素材"项目八"文件夹中的"10.jpg"文件，在"通道"调板中将人物与背景对比最为强烈的"绿"通道复制一份，将其重命名为"绿1"。

(2)反选"绿1"通道,为选区重复填充黑色,加强人物与背景的对比效果。

(3)使用"画笔工具" 、"快速选择工具" 、"多边形套索工具" 等在"绿1"通道中将非人物图像区域涂抹、填充为白色,将人物图像的不透明区域涂抹、填充为黑色,人物图像的半透明区域保持原状。

(4)复制"绿1"通道,将其重命名为"绿2",在"绿2"通道中将栏杆区域涂抹、填充为黑色,并适当擦除栏杆的虚化区域。

(5)反选"绿1"通道,复制"背景"图层中该选区内的人物图像,然后调整"背景"图层的颜色。

(6)为"背景"图层添加"镜头模糊"滤镜,需在"镜头模糊"对话框的"深度映射"设置区将"源"设为"绿2"。图8-42为修改照片背景的步骤。

图8-42　修改照片背景的步骤

项目九

自动化处理图像

使用 Photoshop 提供的"动作"调板和批处理功能,能够显著提高图像的处理效率。具体来说,使用"动作"调板可记录图像的处理步骤,并将其设置为可重复执行的指令,对其他图像执行这些指令,可完成图像的自动化处理。本项目将介绍图像自动化的处理相关知识。

素质目标

- 运用批判性思维分析图像处理需求,创新处理图像的方法,提高设计效率。
- 培养勤于思考、善于总结的良好习惯,具备分解复杂任务的能力。

知识目标

- 掌握动作的录制和编辑。
- 掌握动作的应用方法。
- 掌握图像批处理的方法。

能力目标

- 能够通过录制、编辑和应用动作,为图像添加水印或对照片进行艺术化处理。
- 能够使用"批处理"命令对大量图像进行统一处理,如调整图像的模式、大小、调色等。

项目九　自动化处理图像

任务一　为图像添加水印——录制、编辑和使用动作

任务说明

使用 Photoshop 提供的动作录制、编辑和使用功能，可将对某个图像进行的操作快速应用于其他图像，从而制作出相同的效果。下面通过为不同文件中的图像添加水印，学习动作录制、编辑和使用的方法。添加水印后的图像如图 9-1 所示。

（a）

（b）

素材：素材与实例\项目九\1.jpg 和 2.jpg

效果：素材与实例\项目九\添加水印 1.psd 和添加水印 2.psd

图 9-1　添加水印后的图像

相关知识

一、录制和编辑动作

要将对某个图像（即源图像）进行的操作快速用在其他图像上，需要先录制对源图像进行的操作。选择"窗口"→"动作"菜单项，或者按"Alt+F9"快捷键，在打开的"动作"调板中可录制对源图像进行的操作。录制过程大致如下：

（1）单击"动作"调板底部的"创建新组"按钮，打开"新建组"对话框，在其中输入动作组的名称并单击"确定"按钮，以便与软件内置的动作区分。

（2）单击"动作"调板底部的"创建新动作"按钮，打开"新建动作"对话框，在其中输入动作的名称并设置快捷键，最后单击"记录"按钮，开始录制动作。

（3）对源图像进行操作。

（4）操作完成后，单击"动作"调板底部的"停止播放/记录"按钮。此时，对源图像进行的所有操作均被记录在"动作"调板中。如图 9-2 所示的"处理艺术照"组中记录了对某张照片执行的所有调色与裁切操作。

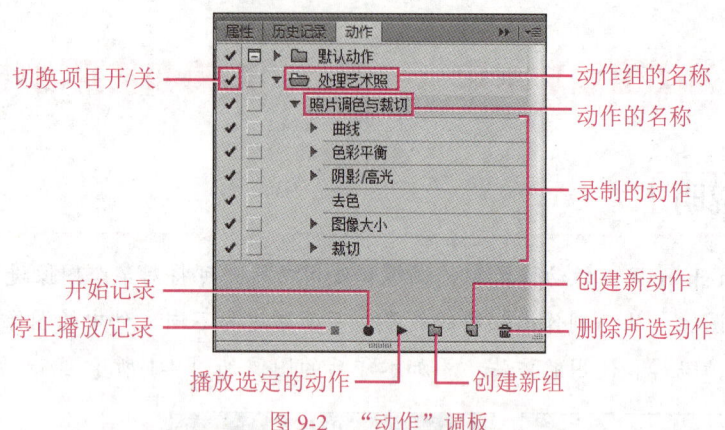

图 9-2 "动作"调板

单击"动作"调板中某个动作左侧的"切换项目开/关"按钮☑，可取消该动作；在相同位置再次单击，可启用该动作。拖动"动作"调板中的动作至"创建新组"按钮 □ 或"删除"按钮 🗑 上，然后松开左键，可复制或删除该动作；双击录制的动作，在打开的对话框中可重新设置参数；拖动某个动作至其他动作的上方或下方，可调整动作间的顺序。

如果只需要将"动作"调板中的部分动作用在其他图像上，则可选中与不需要使用的动作相邻且位于其上方的动作，然后单击"动作"调板右上角的 ≡ 按钮，在弹出的快捷菜单中选择"插入停止"菜单项，即可在不需要使用的动作的下方添加"停止"动作。具体操作将在任务实施中详细介绍。

二、使用动作

要使用录制的动作，可选中要使用该动作的图像，然后单击"动作"调板底部的"播放选定的动作"按钮 ▶。

任务实施——为图像添加水印

步骤 1 打开本书配套素材"项目九"文件夹中的"1.jpg"文件。选择"窗口"→"动作"菜单项，或按"Alt+F9"快捷键，打开"动作"调板。单击该调板底部的"创建新组"按钮 □，打开"新建组"对话框，在"名称"编辑框中输入"自定义动作组"，单击"确定"按钮，可创建一个动作组，如图 9-3 所示。

为图像添加水印

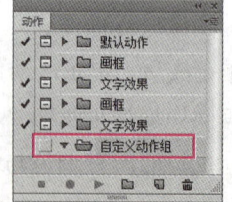

图 9-3 创建"自定义动作组"

步骤 2　单击"动作"调板底部的"创建新动作"按钮，打开"新建动作"对话框，然后参照图9-4设置动作的名称和快捷键，最后单击"记录"按钮，开始录制动作。此时，"动作"调板底部的"开始记录"按钮呈红色，表示动作录制功能被打开。

步骤 3　在"历史记录"调板中单击"创建新快照"按钮，创建快照，如图9-5所示。

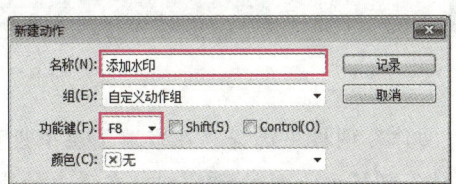
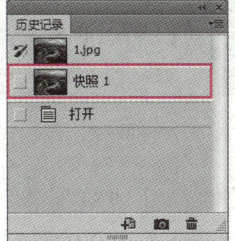

图9-4　设置动作的名称和快捷键　　　　　图9-5　创建快照

小贴士

在开始录制动作前，通常需要先创建快照，以便当制作结果不满意时，在"历史记录"调板中单击该快照，就能撤销对图像进行的所有操作。

步骤 4　选择"横排文字工具"，在工具属性栏中设置"字体"为汉仪粗黑简，"字体大小"为110点，"文本颜色"为白色，然后在图像窗口中输入"YYCN制作"，接着为文本图层添加"内阴影"图层样式，最后将该文本移至合适的位置。图层样式的参数设置和图像效果如图9-6所示。

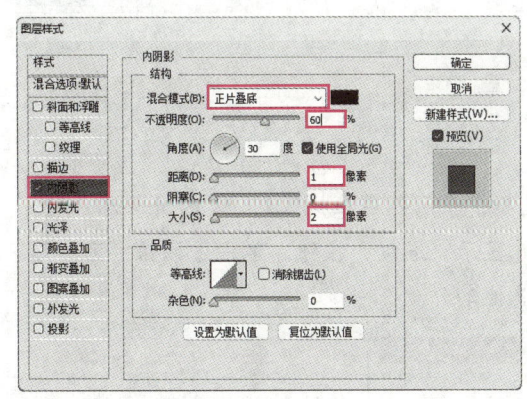

图9-6　图层样式的参数设置和图像效果

步骤 5　将"图层"调板中文本图层的"不透明度"设为40%，然后将文字旋转，得到如图9-7所示的效果。至此，"1.jpg"文件中图像的水印就制作好了。

步骤 6　单击"动作"调板底部的"停止播放/记录"按钮，停止录制动作，如图9-8所示。

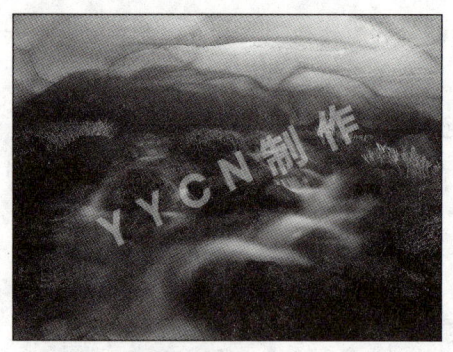

图 9-7　调整图层的不透明度并旋转文字

图 9-8　停止录制动作

步骤 7　下面插入"停止"命令。在"动作"调板中选择"在当前图层中设置 图层样式"动作［见图 9-9（a）］，然后单击"动作"调板右上角的≡按钮，在弹出的快捷菜单中选择"插入停止"菜单项，打开"记录停止"对话框。在其中输入提示信息并勾选"允许继续"复选框［见图 9-9（b）］，最后单击"确定"按钮，可在所选动作的下方添加"停止"动作，如图 9-9（c）所示。

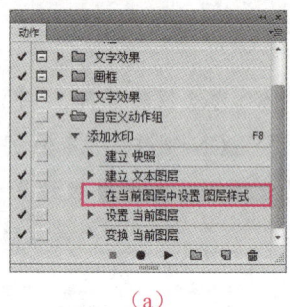

（a）

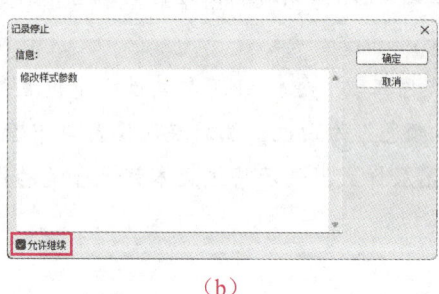

（b）

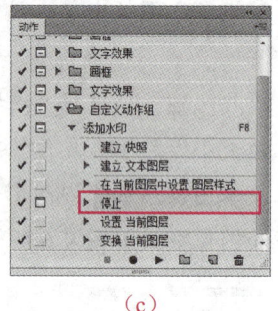

（c）

图 9-9　添加"停止"动作

小贴士

选中图 9-9（b）中的"允许继续"复选框，表示以后在执行到该"停止"动作时，软件会打开"信息"对话框（见图 9-10）并显示"继续"按钮。单击该按钮，可继续执行"动作"调板中"停止"动作下方的其他动作。

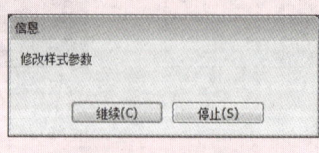

图 9-10　"信息"对话框

步骤 8　下面将"添加水印"动作用在其他图像上。打开本书配套素材"项目九"文件夹中的"2.jpg"文件，在"动作"调板中选中"添加水印"动作，然后单击该调板底部的"播放选定的动作"按钮▶，当播放到"停止"动作时，图像窗口中出现如图 9-10 所示的"信息"对话框。

步骤 9 单击对话框中的"停止"按钮，可停止动作的应用。此时，在"YYCN 制作"文本图层右侧的空白处双击，在打开的"图层样式"对话框中选择"外发光"选项，然后修改渐变颜色（由黄色过渡到白色）。

步骤 10 修改完成后单击"确定"按钮，然后单击"动作"调板底部的"播放选定的动作"按钮▶，继续播放"停止"动作下方的其他动作，图像的水印效果如图 9-1（b）所示。至此，图像的水印就添加好了。

> **小贴士**
>
> 在"动作"调板中选中某个动作组，然后单击"动作"调板右上角的 ≡ 按钮，利用弹出的快捷菜单中的"存储动作"选项可保存该动作组中的所有动作。

课堂实训——对照片进行艺术化处理

使用本任务所学的知识对图 9-11（a）中的照片进行艺术化处理，处理效果如图 9-11（b）所示，最后将该效果应用于其他照片。本实训的最终效果见本书配套素材"项目九"文件夹中的"3.psd"和"4.psd"。

（a）

（b）

图 9-11 对照片进行艺术化处理

提示：

（1）打开本书配套素材"项目九"文件夹中的"3.jpg"文件。创建动作组和动作，然后选择"动作"调板中的"四分颜色"动作并单击"播放选定的动作"按钮▶；使用"横排文字工具" T 注写文字"青春"并调整其字体和大小，接着为文本图层添加"动作"调板中的"投影（文字）"动作；将"背景 拷贝"图层的"混合模式"设为"色相"；停止录制动作。

（2）打开本书配套素材"项目九"文件夹中的"4.jpg"文件,将对"3.jpg"文件进行的所有操作应用于"4.jpg"文件。

任务二 调整图像的模式和大小——图像批处理

任务说明

下面通过调整多张图像的模式和大小,介绍使用图像批处理功能自动处理图像的方法。调整后的图像如图9-12所示。

素材：素材与实例\项目九\图像批处理前\1.jpg~6.jpg

效果：素材与实例\项目九\图像批处理后\1.jpg~6.jpg

图9-12 调整图像的模式和大小后的效果

相关知识

使用"批处理"命令可以在短时间内对成千上万幅图像进行相同的处理,从而达到事半功倍的效果。在批量处理图像前,需要先录制动作,然后执行"批处理"命令,在打开的"批处理"对话框选择要处理的源图像并指定处理后的图像的储存位置。

任务实施——调整图像的模式和大小

步骤1 打开本书配套素材"项目九"→"图像批处理前"文件夹中的"1.jpg"文件,在"动作"调板中创建一个名称为"自定义动作组"的动作组,再创建一个名称为"更改图像的模式和大小"的动作,即可开始记录动作。

调整图像的模式和大小

步骤 2　选择"图像"→"调整"→"黑白"菜单项，打开"黑白"对话框，保持默认的参数，然后单击"确定"按钮，该图像将变为黑白图像。

步骤 3　选择"图像"→"图像大小"菜单项，在打开的"图像大小"对话框中将该图像的宽度和高度均设为22厘米，然后单击"确定"按钮。

步骤 4　单击"动作"调板底部的"停止播放/记录"按钮■，停止动作的录制，然后选择"文件"→"存储为"菜单项，在打开的对话框中指定处理后图像的储存位置，如选择"图像批处理后"文件夹。

> **小贴士**
>
> 在对文件进行批量处理时，宜将处理前和处理后的文件分别保存在不同的文件夹中，以便区分和查看。

步骤 5　选择"文件"→"自动"→"批处理"菜单项，打开"批处理"对话框。在"动作"列表框中选择前面创建的动作"更改图像的模式和大小"，在"源"列表框中选择"文件夹"选项，然后单击该列表框下方的"选择"按钮，选择源文件所在的文件夹，即"图像批处理前"文件夹。采用同样的方法，指定处理后图像的储存位置，如选择"图像批处理后"文件夹，如图9-13所示。

步骤 6　单击"批处理"对话框中的"确定"按钮，软件会将所选动作自动用在"图像批处理前"文件夹中的图像上，并将处理好的图像保存在指定的"图像批处理后"文件夹中，如图9-14所示。至此，图像的模式和大小就调整好了。

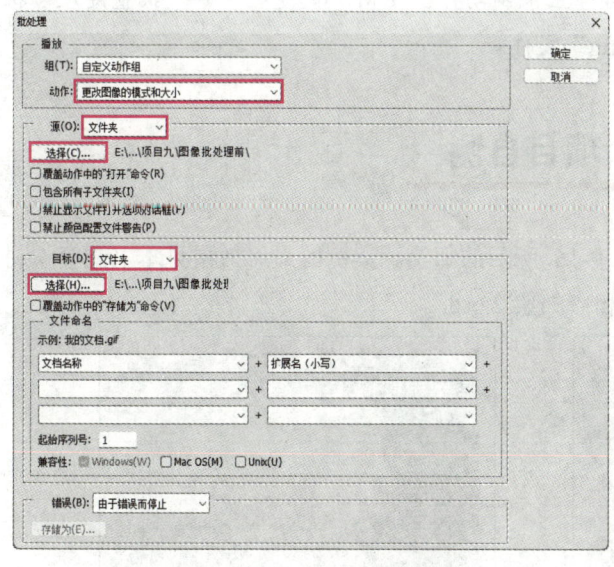

图9-13　"批处理"对话框

图9-14　图像批量处理后的效果

课堂实训——使照片的调色一致

使用本任务所学的知识处理如图 9-15 所示的照片，使其调色一致。本实训的最终效果见本书配套素材"项目九"→"批处理前"文件夹中的图像。

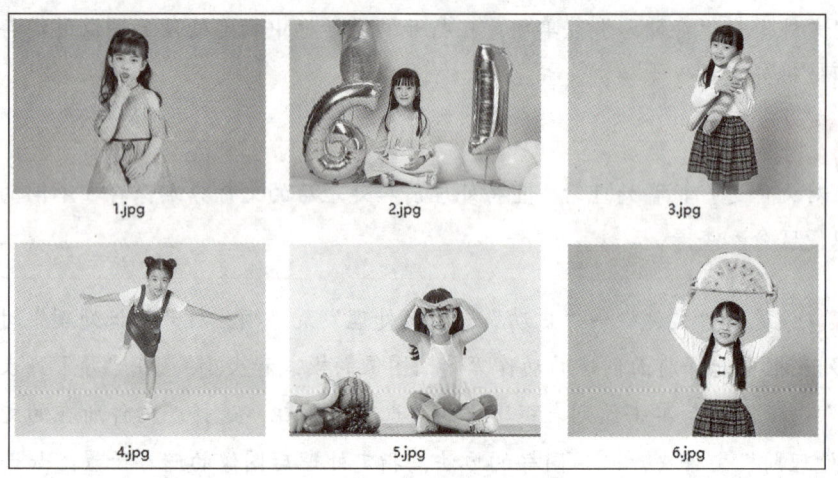

图 9-15　需要统一调色的图像

提示：

打开本书配套素材"项目九"→"批处理前"文件夹中的"1.jpg"文件，创建动作组和动作，然后创建图层，使用"渐变工具"在当前图层中填充线性渐变颜色，接着将该图层的混合模式设为"柔光"，最后停止录制动作，使用"批处理"命令批量处理"批处理前"文件夹中的"2.jpg"～"6.jpg"文件。

项目自测

使用本项目所学的知识制作如图 9-16 所示的邮票。案例的最终效果见本书配套素材"项目九"文件夹中的"邮票1.psd"和"邮票2.psd"。

图 9-16　邮票

提示：

（1）打开本书配套素材"项目九"文件夹中的"5.psd"文件，创建动作组、动作和快照。

（2）使用"自定形状工具" 绘制所需图形，并将其栅格化，然后删除该图形轮廓外的图像，合并除背景图层外的其他图层。

（3）为合并后的图层添加"投影"图层样式，使用"横排文字工具" 注写文字"中国邮政"并调整其字体和大小。

（4）停止录制。

（5）打开本书配套素材"项目九"文件夹中的"6.psd"文件，为背景图层应用录制的动作。

项目十

综合实践

前文已介绍了 Photoshop 的各种工具、命令的使用方法和技巧。本项目将通过制作一些复杂而实用的案例，回顾前文所讲的知识，并介绍使用 Photoshop 进行平面设计的一般流程。

素质目标

- 提高在实践中应用理论知识的能力，保持务实、严谨的工作态度。
- 通过实践发现问题、解决问题，增强挑战困难的勇气与信心。

知识目标

- 掌握使用 Photoshop 制作产品包装的方法。
- 掌握使用 Photoshop 制作高炮广告的方法。

能力目标

- 能够根据设计需求规划设计流程、选择合适的工具。
- 能够熟练使用 Photoshop 中的各工具制作所需的图像。

项目十 综合实践

任务一 制作产品包装

任务说明

优秀的产品包装不仅能够提高产品的美观度与吸引力,还能够展现产品特性与企业文化。下面通过制作如图 10-1 所示的"安溪铁观音"包装,学习使用 Photoshop 制作产品包装的方法。

素材:素材与实例\项目十\底纹.psd、花纹.jpg、风景图 1.jpg、风景图 2.jpg、文字.psd、茶壶.jpg、茶叶.jpg、龙图案.psd、墨圈.psd、红墨滴.psd、商标.psd 和安全标识.jpg

效果:素材与实例\项目十\安溪铁观音包装平面展开图.psd

图 10-1 "安溪铁观音"包装

任务实施

步骤 1 新建一个文件,将其名称设为"安溪铁观音包装平面展开图","宽度"设为 490 毫米,"高度"设为 720 毫米,"分辨率"设为 300 像素/英寸,"颜色模式"设为 CMYK 颜色,"背景内容"设为白色。

制作产品包装

步骤 2 选择"视图"→"新建参考线"菜单项,创建多条水平参考线与垂直参考线。其中,水平参考线的值分别为 0.5 厘米、1 厘米、5 厘米、7 厘米、33 厘米、40 厘米、42 厘米、68 厘米、70 厘米、71 厘米、71.5 厘米,垂直参考线的值分别为 0.5 厘米、1 厘米、3 厘米、3.5 厘米、7 厘米、24.5 厘米、42 厘米、45 厘米、45.5 厘米、48 厘米、48.5 厘米,效果如图 10-2 所示。

237

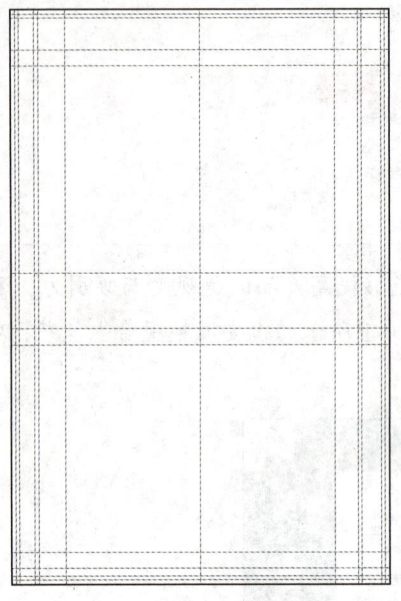

图 10-2　创建参考线

步骤 3　使用"直线工具" 沿参考线分别绘制如图 10-3 所示的 1 像素宽的实线和虚线，制作包装盒的刀版图。

> **知识库**
>
> 　　刀版图是用于制作包装的模版图。为了防止因裁切误差而产生白边或裁到所需内容，在制作刀版图时，必须在裁切线外围预留出血尺寸。
> 　　本案例设计的是礼盒外包装上的面纸，即包在礼盒外面的部分。面纸上需要预留转折包边，转折包边的尺寸可根据包装盒的材质及其截面厚度来确定。

步骤 4　新建图层，并将其重命名为"底图"。将工具箱中的"前景色"设为褐色（C：70%，M：90%，Y：100%，K：10%），按"Alt+Delete"快捷键对图层进行填充。按"Ctrl+O"快捷键，打开本书配套素材"项目十"文件夹中的"底纹.psd"文件，将底纹图像复制到"安溪铁观音包装平面展开图.psd"图像窗口中，将其所在图层重命名为"底纹"并将其"混合模式"设为柔光，"不透明度"设为 50%，效果如图 10-4 所示。

步骤 5　使用"多边形套索工具" 沿刀版图的外轮廓创建选区，然后为"底图"图层添加图层蒙版，如图 10-5 所示。

步骤 6　新建图层，在刀版图上的各粘贴处创建矩形选区，并将其填充为浅灰色（C：0%，M：0%，Y：0%，K：30%），然后使用"横排文字工具" 在浅灰色矩形上输入"粘贴处"，设置合适的字体与字体大小，效果如图 10-6 所示。

项目十 综合实践

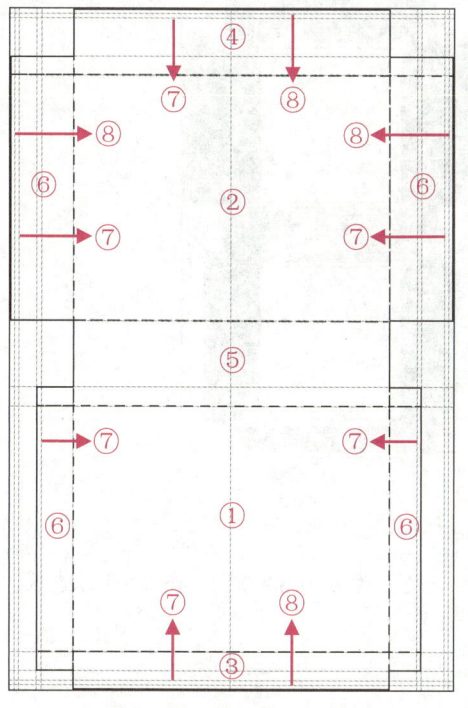

图 10-3 绘制实线和虚线

① 顶面
② 底面
③ 盒盖
④ 前幅
⑤ 后幅
⑥ 侧面
⑦ 转折包边
⑧ 出血

图 10-4 填充颜色并复制图像

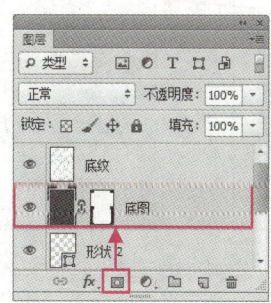

图 10-5 添加图层蒙版

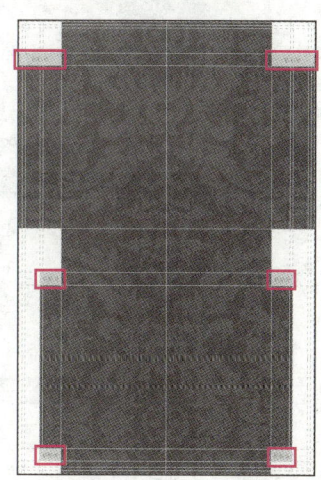

图 10-6 绘制矩形并注写文字

步骤 7 新建图层,在刀版图的中间位置创建一个尺寸为 230 mm×720 mm 的矩形选区,并将其填充为浅黄色(C:0%,M:0%,Y:10%,K:0%),效果如图 10-7(a)所示。打开本书配套素材"项目十"文件夹中的"花纹.jpg"文件,将花纹图像抠取出来,复制到"安溪铁观音包装平面展开图.psd"图像窗口中,再复制出两个,将其分别放置在盒盖、前幅、后幅处并调整大小,效果如图 10-7(b)所示。

239

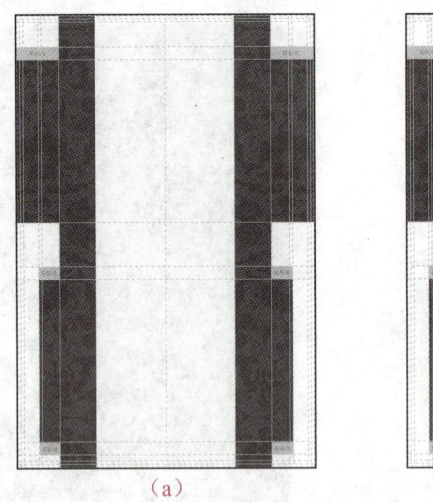
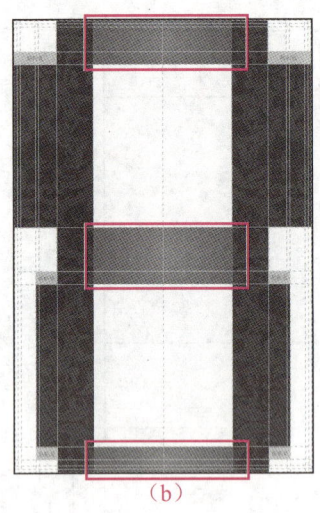

图 10-7 绘制矩形并复制图像

步骤 8 新建图层,在浅黄色矩形两侧创建两个尺寸为 4 mm×720 mm 的矩形选区,并将其填充为渐变颜色,如图 10-8 所示。

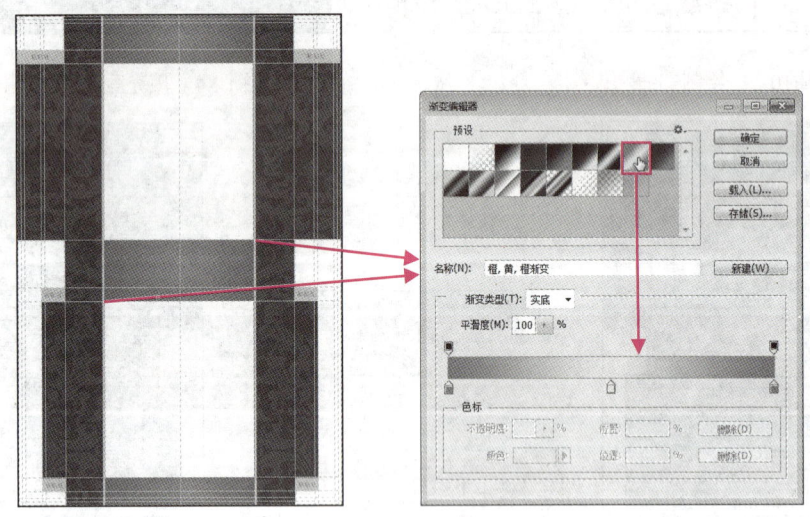

图 10-8 绘制矩形并填充渐变颜色

步骤 9 打开本书配套素材"项目十"文件夹中的"风景图 1.jpg""风景图 2.jpg"和"文字.psd"文件,将各图像依次复制到"安溪铁观音包装平面展开图.psd"图像窗口中,放置在顶面处,调整位置与大小。将各图像的"混合模式"均设为明度,将文字图像的"不透明度"设为 20%,然后使用图层蒙版与"渐变工具" 、"画笔工具" 将各图像中的部分区域隐藏,如图 10-9 所示。

项目十 综合实践

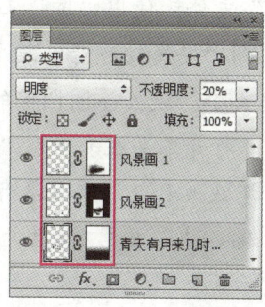

图10-9 复制图像并隐藏部分区域

步骤 10 使用"直排文字工具"在顶面处输入"安溪",设置合适的字体、字体大小与字距,并为其添加"描边"和"斜面和浮雕"图层样式,如图10-10所示。

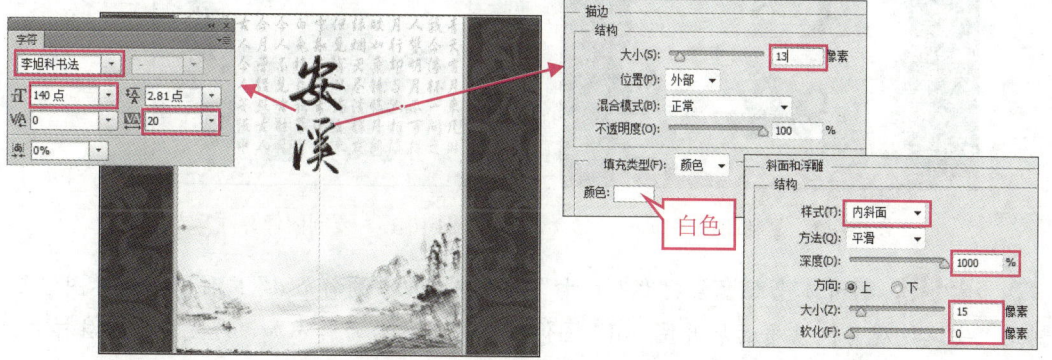

图10-10 注写文字并设置文字属性与图层样式

步骤 11 使用"椭圆选框工具"在"安溪"文本的右下方创建3个圆形选区,设置填充颜色为米黄色(C: 0%, M: 0%, Y: 40%, K: 0%),并为其添加"投影"图层样式;使用"直排文字工具"在米黄色圆形上输入"铁观音",设置合适的字体、字体大小与字距,如图10-11所示。

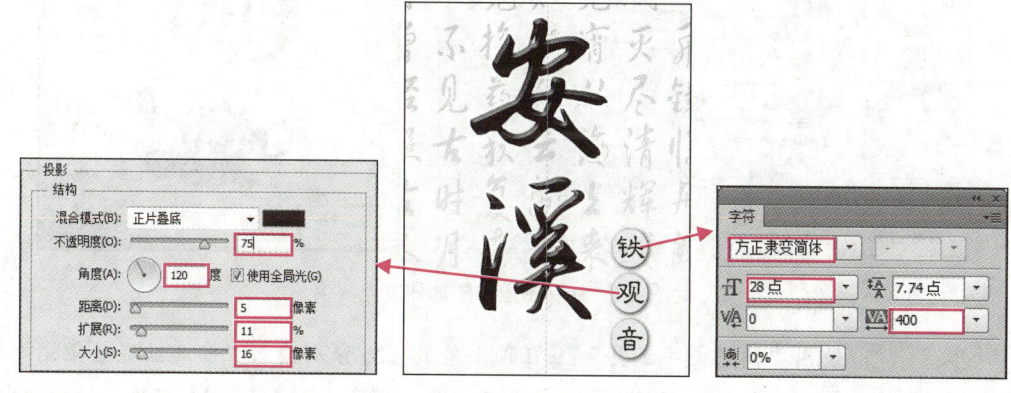

图10-11 绘制圆形并注写文字

241

步骤 12 打开本书配套素材"项目十"文件夹中的"茶壶.jpg""茶叶.jpg""龙图案.psd"和"墨圈.psd"文件,使用"魔棒工具" 分别将茶壶和茶叶图像抠取出来,然后依次将所有图像复制到"安溪铁观音包装平面展开图.psd"图像窗口中,放置在如图 10-12 所示的位置并调整大小。设置墨圈图像的"混合模式"为明度,"不透明度"为 80%。

步骤 13 打开本书配套素材"项目十"文件夹中的"红墨滴.psd"文件,将红墨滴图像复制到"安溪铁观音包装平面展开图.psd"图像窗口中,然后使用"直排文字工具" 在红墨滴图像上输入"茶礼",设置文本颜色为白色,并设置合适的字体、字体大小与字距,如图 10-13 所示。

图 10-12　复制图像(1)

图 10-13　复制图像并注写文字

步骤 14 打开本书配套素材"项目十"文件夹中的"商标.psd"文件,将商标图像复制到"安溪铁观音包装平面展开图.psd"图像窗口中,然后为其添加"外发光"图层样式,如图 10-14 所示。

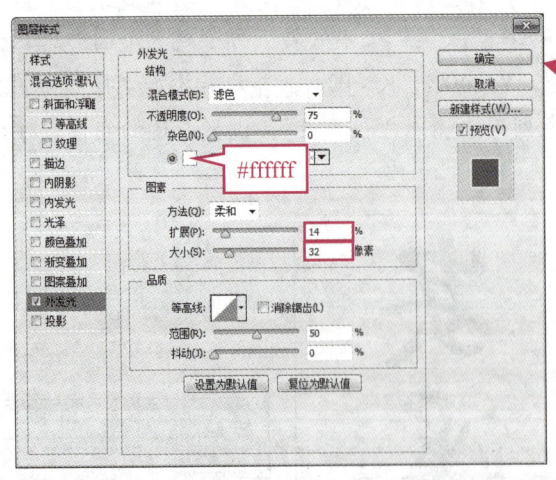

图 10-14　复制图像并添加外发光效果

步骤 15 使用"横排文字工具" 在顶面处的下方分别输入"安溪铁观音集团"和"AN XI TIE GUAN YIN JI TUAN",设置文本颜色为浅褐色(C:50%,M:70%,Y:100%,

K：15%），并合适的设置字体、字体大小与字距，如图10-15所示。

图10-15　在顶面处注写文字并设置文字属性

步骤 16　使用"横排文字工具" 在底面处注写文字，并设置合适的文字属性，如图10-16所示。

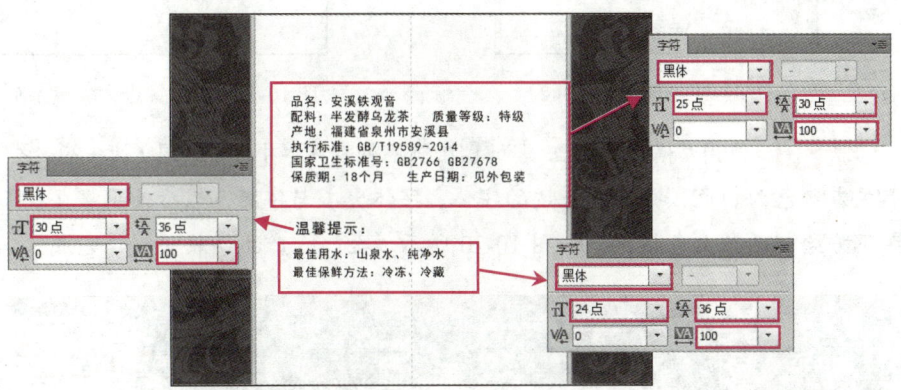

图10-16　在底面处注写文字并设置文字属性

步骤 17　使用"圆角矩形工具" 在文字底部绘制3个圆角半径为50像素的圆角矩形，将其填充为淡黄色（C：0%，M：0%，Y：20%，K：0%），并设置相应的描边参数，如图10-17所示。

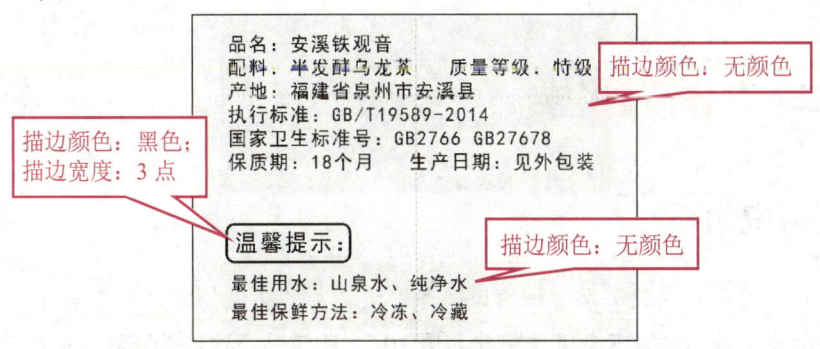

图10-17　绘制圆角矩形

步骤 18　打开本书配套素材"项目十"文件夹中的"安全标识.jpg"文件，将标识图像复制到"安溪铁观音包装平面展开图.psd"图像窗口中，将其放置在如图10-18所示的位置并调整大小。

步骤 19 同时选中底面处的所有文字和图像，然后进行水平翻转和垂直翻转操作，效果如图 10-19 所示。

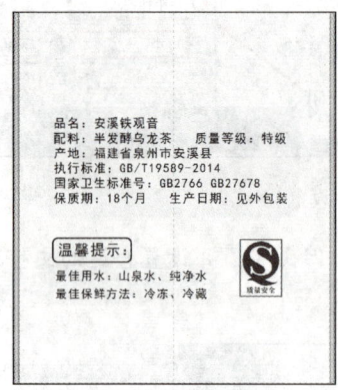

图 10-18 复制图像（2）

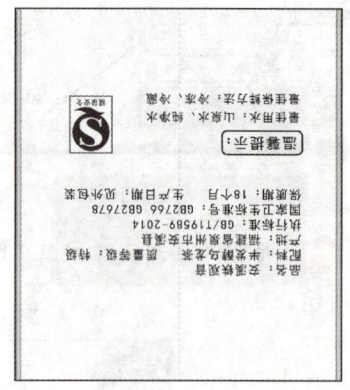

图 10-19 对图像进行翻转操作

步骤 20 使用"横排文字工具" ，在前幅处输入"中·华·国·饮·茶·之·经·典"，设置文本颜色为白色，并设置合适的字体、字体大小与字距，然后使用"直线工具" 在文字下方绘制两条白色横线，如图 10-20 所示。至此，产品包装就制作完成了。

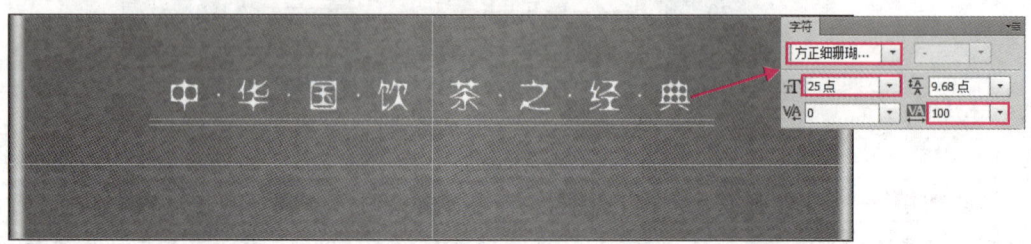

图 10-20 注写文字并绘制横线

任务二 制作高炮广告

任务说明

高炮广告是指在高速公路、城市道路等旁边树立的高大、醒目的广告牌中的广告，具有较强的视觉冲击力。下面通过制作如图 10-21 所示的高炮广告，学习使用 Photoshop 制作高炮广告的方法。

项目十 综合实践

素材：素材与实例\项目十\绸带 1.jpg、绸带 2.jpg、汽车.jpg 和标志.jpg

效果：素材与实例\项目十\汽车高炮广告.psd

图 10-21　高炮广告

任务实施

制作高炮广告

步骤 1　新建一个文件，将其名称设为"汽车高炮广告"，"宽度"设为 180 厘米，"高度"设为 60 厘米，"分辨率"设为 72 像素/英寸，"颜色模式"设为 CMYK 颜色，"背景内容"设为白色。

> **小贴士**
>
> 高炮广告尺寸较大，整体效果比画面细节更为重要，因此分辨率可适当降低。本案例将图像的分辨率设为 72 像素/英寸。

步骤 2　新建图层，并将其重命名为"渐变背景"，然后使用"渐变工具" 在图像窗口中绘制渐变颜色，参数设置和效果如图 10-22 所示。

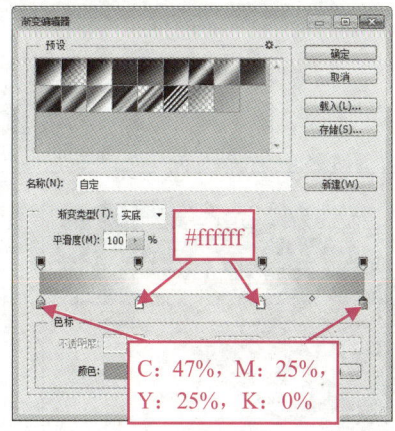

图 10-22　绘制渐变颜色

245

步骤 3 打开本书配套素材"项目十"文件夹中的"绸带 1.jpg"和"绸带 2.jpg"文件,将绸带图像抠取出来,复制到"汽车高炮广告.psd"图像窗口中,调整大小并放置在如图 10-23 所示的位置。

图 10-23　复制并调整图像(1)

步骤 4 打开本书配套素材"项目十"文件夹中的"汽车.jpg"文件,按"Ctrl+U"快捷键,打开"色相/饱和度"对话框,调整图像的色相和饱和度,参数设置和效果如图 10-24 所示。

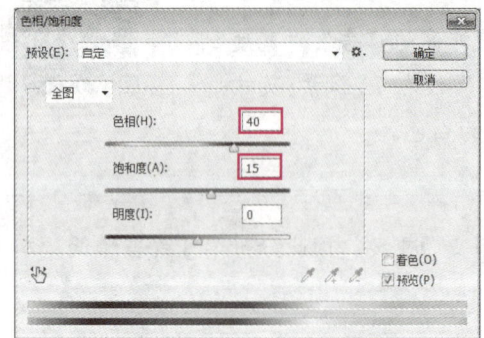 

图 10-24　使用"色相/饱和度"命令调整图像

步骤 5 按"Ctrl+L"快捷键,打开"色阶"对话框,调整图像的色阶,参数设置和效果如图 10-25 所示。

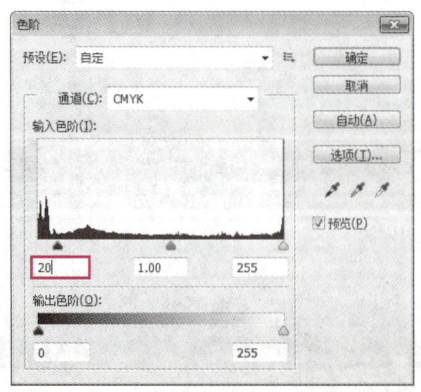 

图 10-25　使用"色阶"命令调整图像

步骤 6 将调整好的汽车图像抠取出来,复制到"汽车高炮广告.psd"图像窗口中,调整大小并放置在如图 10-26 所示的位置。

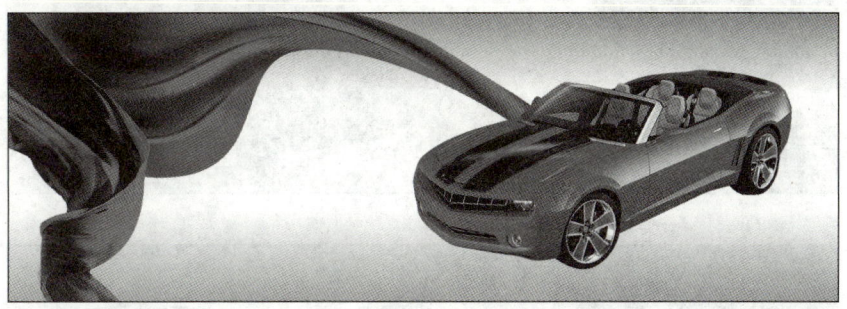

图 10-26 复制并调整图像(2)

步骤 7 将绸带 1 图像复制一份并进行垂直翻转操作,调整其所在的图层顺序并将其"不透明度"设为 8%,效果如图 10-27 所示。

图 10-27 复制并垂直翻转图像

步骤 8 将绸带 1 图像再复制一份,进行垂直翻转操作后放置在汽车图像的下方,然后删除应当被汽车遮挡住的图像区域,效果如图 10-28 所示。

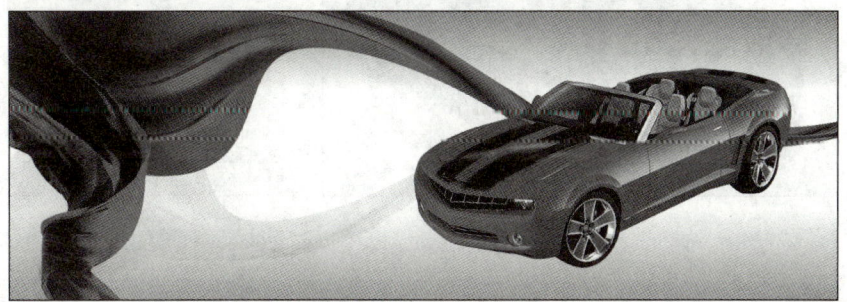

图 10-28 复制、垂直翻转图像并删除多余图像

步骤 9 使用"钢笔工具" 绘制如图 10-29(a)所示的封闭路径,然后在汽车图像所在图层的下方新建图层,并将其重命名为"汽车阴影"。按"Ctrl+Enter"快捷键,将路径转换为选区,按"Shift+F6"快捷键,在打开的"羽化选区"对话框中将"羽化半径"设为 50 像素,然后将选区填充为黑色,效果如图 10-29(b)所示。

247

(a)

(b)

图 10-29　绘制汽车阴影

步骤 10 使用"钢笔工具" 沿汽车图像的车轮绘制路径，然后将路径转换为选区。在"图层"调板中选择汽车图像所在的图层，选择"图层"→"新建"→"通过拷贝的图层"菜单项，将车轮图像复制到新图层中，如图 10-30 所示。

图 10-30　创建选区并复制图像

步骤 11 按"Ctrl+T"快捷键，在车轮图像四周显示的变换框内右击，在弹出的快捷菜单中选择"垂直翻转"。将垂直翻转后的车轮图像下移至合适位置，然后对其进行变形操作，使其符合透视原理。效果如图 10-31 所示。

步骤 12 使用同样的方法依次将汽车的另一个轮胎、车头、车门和车尾区域复制到新图层中，并进行垂直翻转和变形操作，效果如图 10-32 所示。

图10-31　对图像进行垂直翻转和变形操作

图10-32　绘制汽车图像其他区域的投影

步骤 13　在汽车图像所在图层的下方新建图层。使用"钢笔工具" 在汽车的底盘投影处绘制封闭路径，将路径转换为选区后填充为黑色，效果如图10-33所示。

步骤 14　选中汽车投影图像所在的所有图层，将其合并，并重命名为"汽车投影"。为该图层添加图层蒙版，并使用"画笔工具" 将图像的部分区域隐藏，效果如图10-34所示。

图10-33　绘制汽车底盘投影

图10-34　合并图层并隐藏部分图像

步骤 15　新建图层，使用"椭圆选框工具" 创建圆形选区，并为其填充白色到透明的径向渐变颜色。复制多个圆形，通过自由变换、变形等操作，将其调整为锥形，并围绕第一个圆形放置，从而绘制出如图10-35所示的放射状光圈图像。

步骤 16　将光圈图像所在的图层合并，并将其重命名为"光圈"。将"光圈"图层放置在"汽车阴影"图层的下方，并将光圈图像放置在如图10-36所示的位置。

图10-35　绘制光圈图像

图10-36　调整图像的位置

步骤 17 复制光圈图像,并将其放置在汽车另一个车轮下方。按"Ctrl+T"快捷键显示变换框,按住"Ctrl"键的同时调整各变换控制点的位置,调整图像的透视效果,如图 10-37 所示。

图 10-37　复制图像并调整图像的透视效果

步骤 18 使用"横排文字工具",在图像窗口左侧分别输入"腾风 F30"和"激扬上市",设置合适的字体、字体大小与字距,然后将"腾风 F30"文本的颜色设为白色、"激扬上市"文本的颜色设为黑色,并为黑色文本添加 3 像素宽的白色描边,如图 10-38 所示。至此,高炮广告就制作完成了。

图 10-38　注写文字、设置文字属性并添加描边效果

参考文献

［1］赵青. Photoshop CC 教程［M］. 重庆：重庆大学出版社，2021.

［2］周建国. Photoshop CC 新媒体图形图像设计与制作［M］. 2 版. 北京：人民邮电出版社，2024.

［3］许可，李莉，李朝. Photoshop CC 中文版实用教程［M］. 长沙：湖南大学出版社，2024.

［4］王晓婷. Photoshop CC 平面广告设计［M］. 北京：北京希望电子出版社，2024.

［5］党天丞. Photoshop 平面设计基础［M］. 北京：清华大学出版社，2025.

［6］张玉华，赵海侠. Photoshop 平面设计案例教程［M］. 北京：北京理工大学出版社，2025.